大学物理实验指导书

主编 张雪敏 蓝永康

图书在版编目(CIP)数据

大学物理实验指导书 / 张雪敏，蓝永康主编. —西安 ：西安交通大学出版社，2022.6(2024.8 重印)

ISBN 978-7-5693-1996-5

Ⅰ. ①大… Ⅱ. ①张… ②蓝… Ⅲ. ①物理学—实验—高等学校-教学参考资料 Ⅳ. ①04-33

中国版本图书馆 CIP 数据核字(2021)第 085945 号

书　　名 大学物理实验指导书
DAXUE WULI SHIYAN ZHIDAOSHU
主　　编 张雪敏　蓝永康
责任编辑 李　佳
责任校对 王　娜

出版发行 西安交通大学出版社
(西安市兴庆南路 1 号　邮政编码 710048)
网　　址 http://www.xjtupress.com
电　　话 (029)82668357　82667874(市场营销中心)
(029)82668315(总编办)
传　　真 (029)82668280
印　　刷 陕西天意印务有限责任公司

开　　本 787mm×1092mm　1/16　**印张** 9.5　**字数** 236 千字
版次印次 2022 年 6 月第 1 版　2024 年 8 月第 3 次印刷
书　　号 ISBN 978-7-5693-1996-5
定　　价 29.80 元

如发现印装质量问题，请与本社市场营销中心联系。
订购热线：(029)82665248　(029)82667874
投稿热线：(029)82668818

Foreword 前言

物理学本质上是一门实验科学，大学物理实验是大学生进入学校后第一门比较系统的科学实验课程。科学实验对从事自然科学和工程技术的工作人员的重要性不言而喻，物理实验的教学质量直接关系到学生以后的科学实验能力、工作能力和实践能力，因此，不仅要使学生掌握理论知识，更重要的是提高实践能力。

实验室的建设在某种意义上体现着学校的教学质量和科研水平，因此，所有高校都十分重视实验室建设。实验教材是实验教学的灵魂，物理实验教材对物理实验具有指导作用，直接决定着物理实验教学的质量。

根据物理实验教学的特点，本书先介绍物理实验及其地位、物理实验的内容和要求，以及如何做好物理实验；然后介绍测量误差理论的基本知识、基本测量方法与仪器使用；最后介绍力学、热学、电磁学、光学和近代物理实验等。

在本书的编写过程中，我们参考了一些学校的物理实验教材和实验指导书，杭州大华仪器制造有限公司、四川世纪中科光电技术有限公司等也为本书的编写提供了实验指导资料，在此一并表示衷心感谢。

实验室建设和管理是实验教学的重要环节。西安思源学院物理教研室的谷力、张雪敏、蓝永康、郭虎平、樊志新等同志对物理实验室建设付出了辛勤的劳动和智慧。在此，对关心我校实验室建设和为实验室建设做出贡献的所有同志一并致谢。

本书由西安思源学院教材建设专项资助，由张雪敏、蓝永康主编，裴志斌教授、闫夷升副教授主审，谷力、郭虎平、樊志新参编。由于编者水平有限，加之时间仓促，书中难免存在疏漏，恳请读者批评指正。

编　者

2020 年 3 月

Contents 目录

绪　论

1. 物理实验的地位及作用

什么是实验？实验就是科学的实践活动，通常也叫科学实验，是人们根据研究的目的，人为地给定一定条件，利用科学仪器和设备，使自然过程在实验场所再现，并用各种方式和手段进行数据采集和处理，以揭示自然变化规律的实践活动。

物理实验就是人为创造条件，使某种物理现象得以重演。通过对物理现象的观测、分析来验证或研究物理结论，或者依靠实验手段，发现新的物理现象，用演绎或推理的方法，总结、概括出更为普遍的物理结论。

辩证唯物主义的认识论告诉我们，通过实践发现真理，又通过实践去证实真理和发展真理。无数事实证明，理论源于实践，又去指导实践，在实践中接受检验，实践是检验真理的唯一标准。学过物理的人都知道，物理学是一门实验科学，物理学中的理论都是经过实验验证的，所以从物理学的发展来看，物理实验与理论研究应该同等重要。物理实验课程和大学物理课程一样，不仅是高等院校理工科学生的一门必修课，而且也是一门公共基础课。

当代大学生要坚持伟大的百年建党精神，吃苦耐劳、实事求是、研究学问所追求的精益求精精神。学生们不仅要学习物理的理论知识，还应该具备进行物理实验的能力。通过学习物理实验，可以培养学生实事求是的科学态度，严谨踏实的工作作风，勇于探索、坚忍不拔的钻研精神以及遵守纪律、团结协作、爱护公共财产的良好品德。

2. 物理实验的内容与要求

根据教学大纲要求，物理实验教学内容包括三个层次：基础性实验、综合性实验、设计性或研究性实验。

1)测量误差与数据处理的基础知识

(1)理解测量误差的基本概念，掌握有效数字的运算法则。

(2)理解测量不确定度的基本概念，掌握实验结果不确定度的评定及表示方法，会用不确定度对直接测量和间接测量的结果进行评估。

(3)掌握处理实验数据的一些基本方法，如列表法、逐差法、图解法、一元线性回归法等；会用计算机通用软件处理实验数据。

2)基础性实验

(1)了解常用仪器(如游标卡尺、螺旋测微计、万用表、天平等)的基本结构，理解它们的测量原理并掌握其使用方法。

(2)掌握基本物理量的测量方法，如放大法、比较法、模拟法、平衡法、补偿法、转换法等。

(3)掌握常用的操作技术，如零位调整、水平和铅直调整、光路的共轴调整、消视差调节、逐次逼近调节，会根据给定的电路图正确接线，进行简单的电路故障检查与排除。

(4)掌握误差理论在数据处理中的应用，熟练使用不确定度处理和表示测量数据。

3)综合性实验

(1)巩固基础实验知识和技能,拓展研究思路,提高物理实验方法和实验技术的综合应用能力。

(2)掌握常用物理量及物性参数测量的实验方法和技术,加强数字化测量技术和计算机技术在物理实验教学中的应用。

(3)了解物理实验技术在工程技术中的应用,如光电子技术、传感器技术、微弱信号检测技术、微波技术、激光技术、红外技术、波谱技术等。

4)设计性或研究性实验

每个学生从大学物理实验项目表中至少选择1个实验项目,独立完成方案设计,以个体或团队形式完成全过程实验。根据专业教学需要,自拟至少1个实验项目,以个体或团队形式设计方案并完成实验。

(1)理解物理实验的设计思想,掌握常用的实验方法。

(2)能够完成简单设计性实验的方案设计、实验方法、仪器选择、测量条件确定等,会做设计性或具有设计性内容的实验。

(3)了解物理实验的研究思路,掌握常用的研究方法与研究技术。

(4)能够按照课题要求,查阅资料、拟订研究方案、合作完成课题的实验任务。

(5)通过对一些复杂现象的观察、测量、分析和研究,了解物理知识在现代工程技术中的应用,学习现代测试技术和复杂仪器的基本调试技术,培养从事科学研究和设备制造的基本能力。

3. 如何做好物理实验

大学物理实验是在教师的指导下,学生独立完成的。无数的经验告诉我们,要顺利完成一次实验,必须做好三个环节的工作。

1)实验预习

做实验前,要认真预习物理实验教材、讲义或实验指导书,写好预习报告。通过预习了解实验目的和要使用的实验仪器,熟悉实验原理,了解实验步骤及需要记录的实验数据,并根据具体实验设计出数据记录表格,画出电路图或光路图等。设计性或研究性实验还应该拟出实验方案。

2)实验操作

实验操作是实验的中心环节,实验的成败关键在于实验操作环节,因此,在实验操作过程中要胆大心细。进入每个实验室后首先要了解该实验室的规章和注意事项,熟悉每个实验仪器的使用方法和整个实验的操作步骤。特别强调:操作实验前一定要仔细阅读实验中的注意事项。电学实验中,线路连接好后,必须经教师检查无误后,才能开始进行通电实验。实验过程中要细心观察实验现象,准确记录原始实验数据。做完实验,经教师审查签字后,才能拆除实验连线等,并将实验台面恢复到实验前的状态。

3)实验报告

实验报告是对实验的总结。每次实验结束后,每个学生都要提交一份实验报告。教师主要根据实验报告,并结合预习和实验课上的表现给出实验成绩。因此,学生要认真撰写实验报告。实验报告的内容一般包括以下几点。

实验名称:____________________

(1)实验目的:以教材或讲义为准。

(2)实验原理:要简明扼要,列出公式,画出原理示意图、电路图或光路图等。

(3)实验仪器:以教材或讲义为准。

(4)实验内容与步骤:根据实验实际过程,写出关键步骤和要点即可。

(5)注意事项:列出本实验的注意事项。注意事项是保证实验成功的关键,在实验报告中应列出。

(6)实验数据记录与处理:准确记录原始实验数据,特别注意不能用铅笔记录实验数据,更不能涂改实验数据。要根据实验原理的公式计算出实验结果,根据误差理论计算出绝对误差、相对误差或百分误差。用绝对误差、相对误差或百分误差形式表示出测量结果,并做出误差分析。

(7)实验思考题:在实验报告的最后要完成教师指定的实验思考题,必要时对实验结果进行讨论。分析和讨论问题时,提倡有独到性的见解和具有创新性的观点。

党的二十大报告中明确指出,实施科教兴国战略,强化现代化建设人才支撑。必须坚持科技是第一生产力、人才是第一资源、创新是第一动力,深入实施科教兴国战略、人才强国战略、创新驱动发展战略,开辟发展新领域新赛道,不断塑造发展新动能新优势。使命呼唤担当,使命呼唤未来。作为一名大学生,不仅要学习理论知识,还应该具备从事科学实验的能力。通过学习物理实验,使自己获得有关物理量测量和数据处理方面的知识;掌握力学、热学、电磁学、光学、近代物理等物理实验的基本方法和基本技能;掌握物理实验课的特点和规律,培养自己观察分析物理实验现象、运用实验研究问题的能力;养成理论联系实际、实事求是的科学作风,勇于探索、认真严谨的科学态度,以及遵守纪律、团结协作的优良品德,把自己培养成善于思考,勇于创新的人才。

第1章　测量与误差

1.1　直接测量与间接测量

物理实验最基本的技能和任务就是测量。测量是人类对自然界中的现象和实体取得数量概念的一种认识过程。物理实验中测量的方法很多，常用的有直读测量法、比较测量法、替代测量法、放大测量法、模拟测量法、光学测量法等。测量根据方法的不同可分为直接测量和间接测量两类。

1.1.1　直接测量

直接测量就是用测量工具或仪器去测量待测量时，能直接从量具或仪器上读出量值的大小。例如：用米尺测量长度、用天平称质量、用秒表测时间等。直接测量可以进行单次测量或多次测量。

1.1.2　间接测量

如果待测量是由若干个直接测量的物理量在一定的函数关系下经过运算后获得的，那就只能间接测量。例如：测量物体的密度，就需要先直接测量物体的体积和质量，再用密度公式计算出其密度。测量物体运动的平均速度，同样是先直接测量物体运动的时间 Δt 和在时间 Δt 内通过的位移 Δs，再由平均速度的定义式 $\bar{v}=\Delta s/\Delta t$ 计算出 $\bar{v}$。

1.2　测量误差

1.2.1　绝对误差

物理实验中，被测物理量的大小是客观存在的，叫作真值。但是，不管用哪种测量方法都不可能一次就测出绝对准确的真值结果，需要进行多次测量。然而，每一次测量的结果也不可能完全相同，而且仪器的灵敏度和精度也有一定的局限性，这就使测量值与真值之间有一定的偏差，这种偏差就称为测量误差。

测量值 x 与真值 a 之差称为绝对误差，常用 Δx 表示，即

$$\Delta x=x-a \tag{1-1}$$

绝对误差反映了测量值偏离真值的大小和方向。真值是一个理想的概念，测量一般只能得到被测量的最佳值。

1.2.2　测量结果的最佳值

在测量不可避免地存在随机误差的情况下，每次测量值各有差异，那么怎样的测量值是接近真值的最佳值呢？

在确定的测量技术条件下，增加测量次数可减小测量结果的随机误差。若对某一物理量进行了 N 次精度相同的重复测量，得到一系列的测量值分别为 $x_1, x_2, \cdots, x_i, \cdots, x_n$，则测量结果的算术平均值为

$$\bar{x} = \frac{1}{n}\sum_{i=1}^{n} x_i \tag{1-2}$$

式中，x_i 是随机变量；$\bar{x}$ 也是一个随机变量，随着测量次数 n 的变化而变化。

根据绝对误差定义

$$\Delta x_1 = x_1 - a$$

$$\Delta x_2 = x_2 - a$$

$$\vdots$$

$$\Delta x_n = x_n - a$$

$$\frac{1}{n}\sum_{i=1}^{n} \Delta x_i = \frac{1}{n}\sum_{i=1}^{n} (x_i - a) = \bar{x} - a$$

即对于有限的 n 次测量，其绝对误差为 $\Delta x = \bar{x} - a$。

按随机误差的抵偿性，当 $n \to \infty$ 时，$\frac{1}{n}\sum \Delta x_i \to 0$，即绝对误差趋于 0，因此 $\bar{x} \to a$。

由此可见，当测量次数 n 无限多时，算术平均值 $\bar{x}$ 就是接近真值的最佳值。测量次数越多，算术平均值越接近真值。所以，测量时可用多次测量的算术平均值作为接近真值的最佳值。

1.2.3　相对误差与百分误差

如果测量两个质量不同的物体，一个是 1.00 g，一个是 100 g，绝对误差都是 0.01 g，哪一个测量结果更好呢？因此仅有绝对误差是不够的。为了区分和评价测量结果的优劣，物理实验中还需要引入相对误差。

绝对误差与测量最佳值之比称为相对误差，常用百分数表示，即

$$E = \frac{\text{绝对误差}}{\text{测量最佳值}} \times 100\% = \frac{\bar{x} - a}{\bar{x}} \times 100\% \tag{1-3}$$

当被测量 x 有公认值或理论值 x_0 时，则用百分误差来表示，百分误差应定义为

$$E_0 = \frac{|\text{测量最佳值} - \text{公认值}|}{\text{公认值}} \times 100\% = \frac{|\bar{x} - x_0|}{x_0} \times 100\% \tag{1-4}$$

1.3　系统误差和随机误差

误差自始至终存在于一切科学实验的过程之中。误差产生的原因是多方面的，根据误差的性质和产生的原因，又可将误差分为系统误差和随机误差。

1.3.1 系统误差

什么是系统误差？在同一条件下对同一物理量进行多次测量时，绝对误差的大小和符号不变；测量条件变化时，误差也按确定的规律变化，这类误差就称为系统误差。产生系统误差的原因有以下几个方面。

(1)工具误差：由于工具本身或仪器的固有缺陷引起的误差。例如，刻度不准，零点没有校准，仪器水平或铅直未调准，等臂天平不等臂等。

(2)理论误差：测量所依据的理论公式本身的近似性，或实验条件不满足理论公式所要求的条件等。例如，称重时未考虑空气浮力，采用伏安法测电阻时没有考虑电表内阻的影响等。

(3)条件误差：环境的影响或没有按规定的条件使用仪器。例如，标准电池是以 20 ℃时的电动势数值作为标准值的，若在 30 ℃条件下使用，不加以修正，就引入了系统误差；又如用克拉珀龙方程测量碳纳米管储放氢气的质量等。

(4)个人误差：由于测量者个人的习惯、心理因素，或缺乏经验等引起的误差。例如，按秒表时，有人习惯提前，有人习惯推后；又如有人习惯侧坐斜视读数，容易导致估读的数值偏大或偏小。

由于系统误差本身的特点，仅靠多次测量不能消除。能否识别和消除系统误差与实验者的经验和水平有关。例如，实验前对测量仪器进行校准，使测量方法尽量完善，对人员进行专门训练等；在实验中采取一定方法对系统误差加以补偿；实验后在结果处理中进行修正等。

1.3.2 随机误差

在测量时，即使排除了产生系统误差的因素，在同一条件下，对待测物理量进行多次测量，其测量值都会有些差异，分散在一定范围内，其绝对误差的大小和方向都不确定，但是服从一定的统计规律，这类误差称为随机误差，又称为偶然误差。

随机误差的特点就是随机性。但是人们经过长期的实践后发现，重复测量的次数很多时，误差服从一定的统计规律。因此，可用统计规律对实验结果作出随机误差的估算。

实践和理论都能证明，大部分测量的随机误差服从统计规律。误差分布是典型的高斯正态分布，如图 1－1 所示。横坐标表示误差 $\Delta x=x-a$，纵坐标为一个与误差出现的概率有关的概率密度函数 $f(\Delta x)$。应用概率论的理论可导出

$$f(\Delta x)=\frac{1}{\sigma\sqrt{2\pi}}\mathrm{e}^{-\frac{\Delta x^2}{2\sigma^2}} \tag{1-5}$$

式中，特征量 σ 称为标准误差。

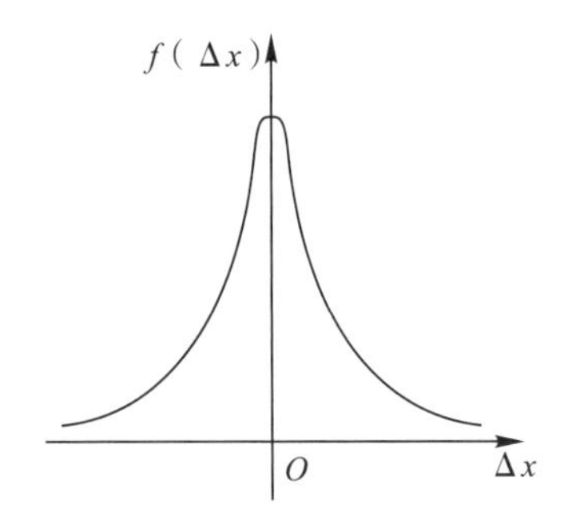

图 1－1 随机误差分布规律

设 n 为测量次数，则

$$\sigma = \sqrt{\frac{\sum \Delta x_i^2}{n}} \quad (n \to \infty) \tag{1-6}$$

服从正态分布的随机误差具有以下特性。

(1)单峰性。绝对值小的误差出现的概率比绝对值大的误差出现的概率大。

(2)对称性。绝对值相等的正负误差出现的概率相等。

(3)有界性。在一定测量条件下，误差的绝对值不超过一定限度。

(4)抵偿性。随机误差的算术平均值随着测定次数的增加而越来越趋近于零，即

$$\lim_{n \to \infty} \frac{1}{n} \sum_{i=1}^{n} \Delta x_i = 0 \tag{1-7}$$

了解了测量过程中误差产生的必然性和普遍性，那么测量结果的误差该如何处理？又如何表示呢？下面简要介绍两类误差的处理方法。

1.4　系统误差处理

系统误差根据特性不同可分为定值系统误差和变值系统误差。顾名思义，在整个实验测量过程中，大小和符号保持不变的系统误差称为定值系统误差；当测量条件变化时，按一定规律变化的系统误差称为变值系统误差。从实验者对系统误差掌握的程度又可分为可定系统误差和未定系统误差。

系统误差的处理是比较复杂的问题，没有一个简单的公式能计算求出，需要根据具体情况进行处理。一般来说，可在实验前对仪器进行校准，对实验方法进行改进等；在实验时可采取一定的方法对系统误差进行补偿和消除；实验后对结果进行修正等。一个实验结果的优劣往往在于系统误差是否被发现或尽可能消除。所以设计实验者应预见和分析一切可能产生系统误差的因素，并设法减少系统误差。

1.4.1　系统误差的发现

在基础物理实验中常用的发现系统误差的方法有以下几种。

1. 对比法

顾名思义，对比法是用不同的方法去测量同一个物理量，然后对结果进行对比。如果用两种不同的方法，测量的结果一致，就说明无系统误差。也可以用两种仪器测量同一个量然后进行对比，例如，将两块电流表分别串联接入电路，如果读数一致，则说明无系统误差；如果一块电流表是校准过的，就可以得到另一块电流表的修正值。

2. 理论分析法

从两个方面进行分析：一是分析理论公式所要求的条件在测量过程中是否得到保证。例如，用扭摆法测量转动惯量，扭转角度较小时近似为简谐振动，实际上不可能满足而带来系统误差。二是分析仪器所要求的条件是否能得到满足。例如，电表要求水平放置，分光计的望远镜应与主轴垂直等，若不满足，必然会产生系统误差。

3. 数据分析法

把测量值按照测量的先后顺序排列，并计算出各测量值的误差。若发现误差的大小有规

律地向一个方向变化，则有系统误差。

1.4.2 系统误差的消除

1. 从根源消除系统误差

一般情况下，由于理论公式引起的系统误差没法消除，但是，我们可以从严控制实验的环境条件，按要求和规范调整和使用仪器设备。

2. 使用特殊的测量方法

比如替代法，用平衡电桥测电阻时就是用替代法。先用待测电阻作电桥一臂，调电桥另一臂使电桥平衡，然后用标准电阻箱换下待测电阻，其他条件不变，再调节标准电阻箱，使电桥平衡，这时标准电阻箱的示值就是待测电阻值。

有时需要用交换法。比如，用天平称物体质量时，将被测物体与砝码左右交换分别测出质量，理论上讲，将两次结果的乘积再开平方就会消除因天平不等臂而引起的系统误差。

除这两种方法外，还可以用异号法。使系统误差正、负各出现一次，取其平均值就可以消除系统误差。

3. 在实验结果中进行修正

比如，用伏安法测电阻，电表内阻带来的系统误差不可能消除，但是可以修正。

1.5 随机误差处理

随机误差与系统误差性质不同，处理方法也不同。随机误差服从统计分布规律，故下面介绍如何根据统计规律进行随机误差的估算，同学们应重点了解概念，并学会应用结论。

1.5.1 直接测量的误差估计

科学实验中，常用标准偏差来估计测量的随机误差。对直接测量的误差估计均采用标准偏差。

什么是标准偏差？对某个物理量进行多次测量，通常把一组测量值称为一个测量列，它们对真值的误差有大有小，有正有负，服从正态分布，一个测量列各测量值误差平方的平均值的平方根称为标准偏差，即各个测量值误差的“方、均、根”。由于用“方、均、根”法对这些误差进行统计，故标准偏差又称为均方误差，常用 σ 表示

$$\sigma=\sqrt{\frac{1}{n}\sum_{i=1}^{n}(x_i-a)^2} \tag{1-8}$$

式中，a 是真值，但是真值 a 无法知道。

标准偏差的物理意义：在多次独立的等精度测量中，测量值的随机误差小于均方差的次数占总测量次数的 68.3%，即置信度 $P=68.3\%$。或者说测量值的误差落在$(\bar{x}-\sigma,\bar{x}+\sigma)$范围内的概率是 68.3%，即置信度 $P=68.3\%$。

如果取标准偏差的 3 倍即 3σ，则置信度可达到 99.7%，因此，物理实验中把 3σ 称为极限误差。

于是，我们可以用 $\bar{x}$ 作为测量结果的最佳值。这样，就可以用各测量值与算术平均值之差来估算标准偏差。

根据误差理论可以证明，任意一次测量值的标准偏差为

$$\sigma_x=\sqrt{\frac{1}{n-1}\sum_{i=1}^{n}(x_i-\bar{x})^2} \tag{1-9}$$

当测量次数为有限多时，σ_x就是σ的估计值。所以物理实验中，通常用σ_x代替σ。

$\bar{x}$是一个随机变量，会随着测量次数n而变化。显然，$\bar{x}$的可靠性比每一次测量值都要高。由误差理论可以证明，平均值$\bar{x}$的标准偏差为

$$S_{\bar{x}}=\frac{\sigma_x}{\sqrt{n}}=\sqrt{\frac{1}{n(n-1)}\sum_{i=1}^{n}(x_i-\bar{x})^2} \tag{1-10}$$

即平均值$\bar{x}$的标准偏差是n次测量中任意一次测量值标准偏差的$\frac{1}{\sqrt{n}}$。

由式(1-10)可知，随着测量次数增加，$S_{\bar{x}}$减小，这就是增加测量次数可以减少随机误差的原因。

$\bar{x}$的标准偏差$S_{\bar{x}}$与测量次数n的关系如图 1-2 所示。

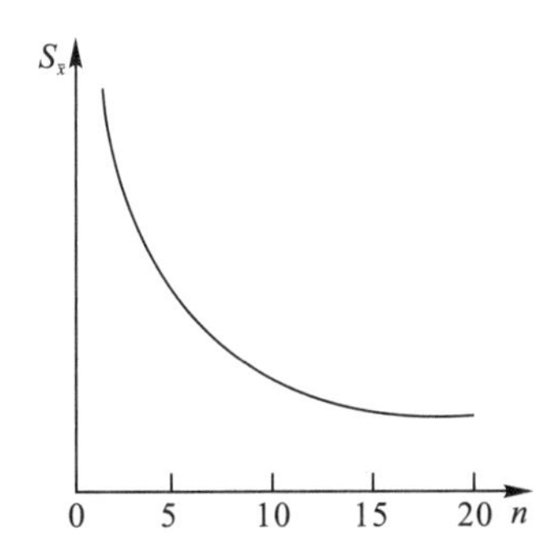

图 1-2　标准差与测量次数的关系

由图可看出，$n>10$以后$S_{\bar{x}}$变化极其缓慢，所以实际测量次数也没有必要太多。

一般的科学实验和文献中，在消除系统误差后，对同一物理量进行n次等精度测量，$S_{\bar{x}}$前应乘一因子。即在$n\leqslant 10$时，要获得$n>10$时同样的置信概率，还需要用t因子进行修正。修正后的标准偏差，即对同一物理量进行n次等精度测量的标准偏差为

$$S=t\,S_{\bar{x}}=t\sqrt{\frac{1}{n(n-1)}\sum_{i=1}^{n}(x_i-\bar{x})^2} \tag{1-11}$$

即标准偏差的大小等于t因子与测量平均值$\bar{x}$的标准偏差的乘积。

但是，对于不同的置信度P，不同测量次数下，因子t的取值不同。在物理实验中，我们约定置信度$P=95\%$。表 1-1 分别给出了当$P=68.3\%$和$P=95\%$时，不同测量次数对应的t值。

表 1-1　不同置信度、不同测量次数下 t 因子的值

t 因子	测量次数								
	2	3	4	5	6	7	8	9	10
$t(P=68.3\%$时$)$	1.84	1.32	1.20	1.14	1.11	1.09	1.08	1.07	1.06
$t(P=95\%$时$)$	12.71	4.30	3.18	2.78	2.57	2.45	2.36	2.31	2.26

特别提醒：式(1-11)就是我们物理实验中计算测量平均值$\bar{x}$标准偏差的公式。

1.5.2 间接测量的误差估计

物理实验中相当一部分物理量是间接测量的。直接测量的结果有误差，由直接测量的误差引起间接测量的误差就是误差传递。

1. 误差传递公式

设间接测量的物理量 N 是各直接测量的物理量 $x,y,\cdots$ 的函数

$$N=f(x,y,\cdots) \tag{1-12}$$

物理量 N 对 $x,y,\cdots$ 求全微分得

$$\mathrm{d}N=\frac{\partial f}{\partial x}\mathrm{d}x+\frac{\partial f}{\partial y}\mathrm{d}y+\cdots$$

若直接测量的各值误差分别为 $\Delta x,\Delta y,\cdots$。由于 $\mathrm{d}x,\mathrm{d}y,\cdots$ 相对于 $x,y,\cdots$ 是很小的量，在上式中以 $\Delta x,\Delta y,\cdots$ 代替 $\mathrm{d}x,\mathrm{d}y,\cdots$ 则间接测量的误差 ΔN 为

$$\Delta N=\frac{\partial f}{\partial x}\Delta x+\frac{\partial f}{\partial y}\Delta y+\cdots \tag{1-13}$$

该式就是误差传递的基本公式。

若对 $N=f(x,y,\cdots)$ 取自然对数

$$\ln N=\ln|f(x,y,\cdots)|$$

再对等式两边求全微分，可得

$$\frac{\mathrm{d}N}{N}=\left|\frac{\partial f}{\partial x}\right|\frac{\mathrm{d}x}{f}+\left|\frac{\partial f}{\partial y}\right|\frac{\mathrm{d}y}{f}+\cdots$$

同理可得相对误差的传递公式为

$$\frac{\Delta N}{N}=\left|\frac{\partial f}{\partial x}\right|\frac{\Delta x}{f}+\left|\frac{\partial f}{\partial y}\right|\frac{\Delta y}{f}+\cdots \tag{1-14}$$

2. 标准偏差的传递公式

设间接测量的物理量 N 是各个独立直接测量的量 $x,y,\cdots$ 的函数

$$N=f(x,y,\cdots)$$

若每个直接测量的量都在同样条件下进行了 n 次测量，在考虑随机误差的情况下，结果为

$$\bar{x}\pm\sigma_x,\bar{y}\pm\sigma_y,\cdots$$

由于误差是微小量，因此，由全微分公式可以得到每次测量的 ΔN_i 为

$$\Delta N_i=\frac{\partial f}{\partial x}\cdot\Delta x_i+\frac{\partial f}{\partial y}\cdot\Delta y_i+\cdots$$

等式两边各自平方，再将 n 次测量的 $(\Delta N_i)^2$ 相加，得

$$\sum(\Delta N_i)^2=\left(\frac{\partial f}{\partial x}\right)^2\cdot\sum(\Delta x_i)^2+\left(\frac{\partial f}{\partial y}\right)^2\cdot\sum(\Delta y_i)^2+\cdots+$$
$$2\left(\frac{\partial f}{\partial x}\right)\left(\frac{\partial f}{\partial y}\right)\sum(\Delta x_i)(\Delta y_i)+\cdots \tag{1-15}$$

$x,y,\cdots$ 是相互独立的，各次测量中的 $\Delta x_i,\Delta y_i,\cdots$ 互不相关，时正、时负、时大、时小。因此当测量次数 n 足够多时，上式中各交叉乘积项的和等于零，即

$$\sum(\Delta x_i)(\Delta y_i)=0$$

将式(1－15)两边除以 n，得

$$\frac{1}{n}\sum(\Delta N_i)^2=\left(\frac{\partial f}{\partial x}\right)^2\frac{1}{n}\sum(\Delta x_i)^2+\left(\frac{\partial f}{\partial y}\right)^2\frac{1}{n}\sum(\Delta y_i)^2+\cdots$$

式中，$\frac{1}{n}\sum(\Delta x_i)^2=\sigma_x^2$，$\frac{1}{n}\sum(\Delta y_i)^2=\sigma_y^2$，…是各直接测得量的标准误差的平方。

则标准偏差的传递公式为

$$\sigma_N=\sqrt{(\frac{\partial f}{\partial x})^2\sigma_x^2+(\frac{\partial f}{\partial y})^2\sigma_x^2+\cdots} \tag{1-16}$$

$$\frac{\sigma_N}{N}=\sqrt{(\frac{1}{f}\frac{\partial f}{\partial x})^2\sigma_x^2+(\frac{1}{f}\frac{\partial f}{\partial y})^2\sigma_x^2+\cdots} \tag{1-17}$$

表 1-2 中列出了一些常用函数的标准偏差传递公式。

表 1-2　常用函数的标准偏差传递公式

函数表达式	标准偏差传递公式
$N-x\pm y$	$\sigma_N^? - \sqrt{\sigma_x^? + \sigma_y^?}$
$N=x\cdot y$ 或 $\frac{x}{y}$	$\frac{\sigma_N}{N}=\sqrt{(\frac{\sigma_x}{x})^2+(\frac{\sigma_y}{y})^2}$
$N=kx$	$\sigma_N=\|k\|\sigma_x$；$\frac{\sigma_N}{N}=\frac{\sigma_x}{x}$
$N=x^n$	$\frac{\sigma_N}{N}=n\frac{\sigma_x}{x}$
$N=\sqrt[n]{x}$	$\frac{\sigma_N}{N}=\frac{1}{n}\frac{\sigma_x}{x}$
$N=\frac{x^p y^q}{z^r}$	$\frac{\sigma_N}{N}=\sqrt{p^2(\frac{\sigma_x}{x})^2+q^2(\frac{\sigma_y}{y})^2+r^2(\frac{\sigma_z}{z})^2}$
$N=\sin x$	$\sigma_N=\|\cos x\|\sigma_x$
$N=\ln x$	$\sigma_N=\frac{\sigma_x}{x}$

3. 有限次测量的间接测量标准偏差

在对 x，y，…进行有限次测量的情况下，间接测量量的平均值为

$$\overline{N}=f(\bar{x},\bar{y},\cdots)$$

各直接测量量的标准偏差分别由 $\sigma_{\bar{x}}$，$\sigma_{\bar{y}}$，…估算，则间接测量量 $\overline{N}$ 的标准偏差为

$$\sigma_{\overline{N}}=\sqrt{\left(\frac{\partial f}{\partial x}\right)^2\sigma_{\bar{x}}^2+\left(\frac{\partial f}{\partial y}\right)^2\sigma_{\bar{y}}^2+\cdots} \tag{1-18}$$

1.6　仪器、仪表误差

测量是用仪器或量具进行的，但任何仪器都存在误差。仪器、仪表误差是指在正确使用仪器、仪表的情况下，测量结果的最大误差。通常所说的仪器精确度高，是指使用该仪器时测量值的误差较小。在物理实验中，仪器误差一般取仪表、器具的示值误差限或基本误差限。

1.6.1 仪器的最大误差

物理实验中的多数仪器都由生产厂家或计量机构参照国家标准给出了精确度等级或允许误差范围。下面列举几种常用器具的仪器误差。

1. 游标卡尺

游标卡尺不分精度等级，一般测量范围在 300 mm 以下的卡尺，其分度值就是仪器的示值误差。

2. 螺旋测微计(千分尺)

螺旋测微计的最小分度值是 0.01 mm，即 1/1000 cm，所以又叫千分尺。实验室使用的千分尺为一级，分度值是 0.01 mm，其示值误差为±0.004 mm。

3. 物理天平

物理实验室常用物理天平，某些型号物理天平的感量及其允许误差见表 1-3。

表 1-3

型号	最大称量/g	感量/mg	不等臂差/mg	示值变动性误差/mg
WL	500	20	60	20
WL	1000	50	100	50
TW-02	200	20	<60	<20
TW-05	500	50	<150	<50
TW-1	1000	100	<300	<100

4. 电表

根据中华人民共和国国家标准 GB/T7676.2—2017《电气测量指示仪表通用技术条例》规定，电表准确度 S_n 分为 0.1、0.2、0.5、1.0、1.5、2.5、5.0 七级，在规定条件下使用时，其示值的最大绝对误差为

$$\Delta \text{仪} = \pm x_m \times S_n x\% \qquad (1-19)$$

式中，Δ 仪为最大绝对误差；x_m 为量程；s_n 为准确度等级。

例如：0.5 级电压表量程为 3 V 时

$$\Delta V_{\text{仪}} = \pm 3 \times 0.5\% = \pm 0.015\ \text{V}$$

1.6.2 仪器的标准偏差

仪器误差包含系统误差和偶然误差两部分。究竟哪个因素为主，要具体分析。一般级别较高的仪表(如 0.2 级)的误差主要是随机误差，级别较低或工业用仪表的误差主要是系统误差。实验室常用的仪表(如 0.5 级)两种误差都有，且数值相近。

如何确定仪器的标准误差？它与上述仪器最大示值误差间关系如何？

一般仪器误差的概率密度函数服从均匀分布，如图 1-3 所示，在 Δ仪范围内，各种误差(不同大小和符号)出现的概率相同，在区间外出现的概率为 0。例如游标卡尺的仪器误差、仪器度盘的误差、机械秒表在其分度值内不能分辨引起的误差，级别较高的仪器和仪表的误差等都呈现均匀分布，误差发生在(－Δ仪，＋Δ仪)区间内的概率为

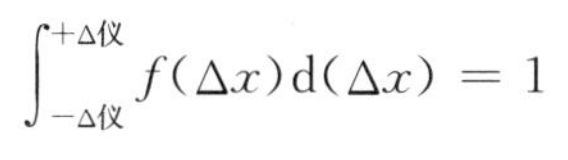

$$\int_{-\Delta仪}^{+\Delta仪} f(\Delta x)\mathrm{d}(\Delta x) = 1$$

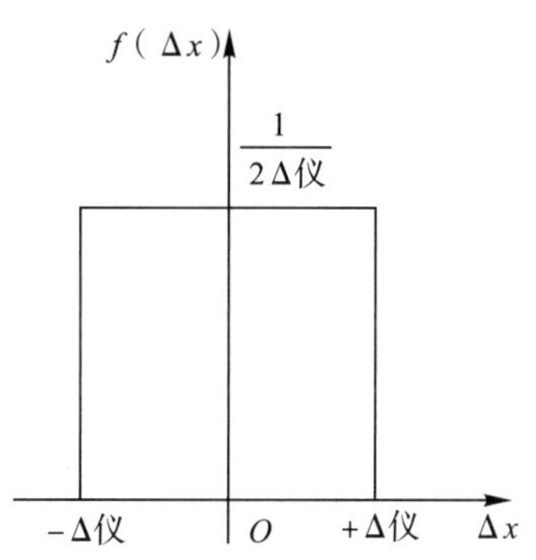

图 1 - 3　仪器误差服从规律

所以误差服从的规律为

$$f(\Delta x)=\frac{1}{2\Delta仪}$$

求出标准偏差为

$$\sigma_{仪}=\frac{\Delta仪}{\sqrt{3}} \tag{1-20}$$

若仪器误差的概率密度函数服从正态分布，则

$$\sigma_{仪}=\frac{1}{3}\Delta仪 \tag{1-21}$$

最后，需要说明的是：

(1)仪器、仪表误差通常由仪器、仪表的基本误差、灵敏度误差和多次测量的随机误差组成。

(2)仪器、仪表的基本误差和灵敏度误差本身就包含系统误差和随机误差，通常取它们三者之中最大者为仪器误差，所以，仪器、仪表误差不只属于系统误差，也不属于随机误差。

(3)对直尺、卡尺、螺旋测微计这类量具，简单起见，通常规定最小分度值的 1/2 为仪器误差。

第 2 章　测量结果与数据处理

第 1 章介绍了误差理论的基本知识，重点在于对误差概念的理解和掌握。本章将介绍测量的不确定度和测量结果的表述，有效数字及其表示，以及数据处理常用的几种方法。

2.1　不确定度和测量结果的表述

根据国际计量局的相关规定，使用“不确定度”表示实验结果的误差已被世界各国普遍采纳。我国从 1992 年 10 月开始实施《测量误差和数据处理技术规范》，也明确规定使用不确定度来评价测量结果的质量。这部分内容在以后的实验中都要用到，所以要熟练掌握。

2.1.1　测量的不确定度

不确定度是指由于测量误差的存在，被测量的真值以一定概率分布其中的量值范围。不确定度是建立在误差理论基础上的一个新概念，其实质是对误差的一种估计。采用不确定度表示误差范围，改变了用系统误差和随机误差处理测量误差的传统方法。

由于误差来源众多，测量结果不确定度一般包含几个分量。将可修正的系统误差修正后，余下的全部误差划分为 A、B 两类分量，且均以标准偏差形式表示。

通常约定：不确定度的 A 类分量等于用统计方法计算出的随机误差，即平均值 $\bar{x}$ 的标准偏差，用符号 ΔA 表示；不确定度的 B 类分量严格来讲应等于仪器的标准偏差，用符号 ΔB 表示。

$$\Delta A = S_{\bar{x}}, \Delta B = \sigma_{仪}$$

总不确定度由两类分量合成得出

$$\Delta x = \sqrt{\Delta A^2 + \Delta B^2} = \sqrt{S_{\bar{x}}^2 + \sigma_{仪}^2} \tag{2-1}$$

2.1.2　直接测量的不确定度和结果表述

应该特别注意的是：不确定度和误差是两个完全不同的概念，它们之间既有联系，又有本质区别。在实验结果的处理中，需要进行误差分析，用不确定度来评价测量的质量。

在同样的条件下，对同一物理量进行多次测量，可以用测量列的算术平均值作为测量的最佳值。即

$$\bar{x} = \frac{1}{n}\sum_{i=1}^{n} x_i$$

当测量次数 $n \leqslant 10$ 时，且测量次数 n 趋近于 10 时，随机误差呈现正态分布。

由误差理论可知，对有限次测量，要得到与无限次测量相同的置信度，不确定度的 A 类分量应该等于考虑 t 因子后，平均值 $\bar{x}$ 的标准偏差 $S_{\bar{x}}$。在物理实验中，为了简单起见，不确定度

的 B 类分量可以直接用仪器误差代替仪器的标准偏差。

$$\Delta A=S_{\bar{x}},\Delta B=\Delta_{仪}$$

因此,在没有系统误差,或不考虑系统误差时,总不确定度为

$$\Delta x=\sqrt{\Delta A^2+\Delta B^2}=\sqrt{S_{\bar{x}}^2+\Delta_{仪}^2} \tag{2-2}$$

直接测量的结果应表述为

$$x=\bar{x}\pm\Delta x \tag{2-3}$$

相对不确定度为

$$E=\frac{\Delta x}{\bar{x}}\times 100\% \tag{2-4}$$

当 x_0 为被测量 x 的公认值或理论值时,百分不确定度为

$$E_0=\left|\frac{\bar{x}-x_0}{x_0}\right|\times 100\% \tag{2-5}$$

2.1.3　间接测量的不确定度和结果表述

间接测量值是把直接测量的结果带入测量公式中计算出来的,直接测量的误差就会导致间接测量的误差传递,所以间接测量的不确定度取决于直接测量结果的不确定度和测量公式的具体形式。

设间接测量的函数关系式为 $N=f(x,y,\cdots)$,在直接测量中,通常以算术平均值作为最佳值,则可以证明,间接测量的最佳值为

$$\overline{N}=f(\bar{x},\bar{y},\cdots) \tag{2-6}$$

即间接测量的最佳值可以由各直接测量的算术平均值带入测量公式求出。

用不确定度代替标准偏差,可得到在物理实验中计算间接测量的不确定度公式

$$\Delta N=\sqrt{\left(\frac{\partial f}{\partial x}\right)^2(\Delta x)^2+\left(\frac{\partial f}{\partial y}\right)^2(\Delta y)^2+\cdots} \tag{2-7}$$

间接测量结果的表述与直接测量结果的表述形式相同,可写成

$$N=\overline{N}\pm\Delta N \tag{2-8}$$

间接测量时相对不确定度为

$$E=\frac{\Delta N}{N}=\sqrt{\left(\frac{1}{f}\cdot\frac{\partial f}{\partial x}\right)^2(\Delta x)^2+\left(\frac{1}{f}\cdot\frac{\partial f}{\partial y}\right)^2(\Delta y)^2+\cdots} \tag{2-9}$$

2.2　有效数字及其运算

2.2.1　有效数字的概念

物理实验中,对任何一个物理量进行测量得到的结果或多或少总是有误差,测得数值的位数不能随意留取,而是要用具有一定意义的表示法。

例如,用米尺测量一物体的长度,测量结果记为 15.4 cm、15.5 cm、15.6 cm 都可以。前两位是准确数字,最后一位是估计的、可疑的,存在误差。最后一位尽管有误差,但是不记也是不

行的，因为它比较客观地反映了物体的实际长度。那么记15.55 cm正确吗？不正确，因为小数点后第一位已经不可靠，第二位就更没有意义了，也就是毫无根据的估计了。因此，在实验记录时，不能少记，也不能多记，要正确记录和计算，就必须用有效数字。

我们把测量结果的可靠数字加上估计的一位存疑数字合起来统称为有效数字。从定义可知，有效数字的最后一位是可疑的，即有误差。

(1)所测结果值第一个可靠数字前用来定位的“0”不是有效数字。

例如，棒长2.34 cm改用米作单位时为0.0234 m，“2”前面的两个“0”就不是有效数字。

(2)测得值第一个可靠数字后面的“0”是有效数字。

例如，4.02 kg、50.00 cm^3，前者有三位，后者有四位有效数字。

显然，数据最后的“0”既不能随便加上，也不能随便去掉。

2.2.2 确定测量结果有效数字的方法

不确定度本身只是对误差的一个估计值，因此，一般情况下，不确定度只取一到两位有效数字，再多就没有意义了。将有效数字的定义和不确定度的有效数字结合起来，就得到确定测量结果有效数字的方法，即测量结果的有效数字是由不确定度来决定的。

注意：

(1)不确定度一般保留一、二位数字，当首位数字等于或大于3时，取一位；小于3时，则取两位，其后面的数字采用进位法舍去。进位法舍去就是只要是大于0，就进位后舍去。

(2)在物理实验中，我们约定不确定度只取一位有效数字。但是为了保证较高的置信水平，不确定度的尾数一律只进，不舍去。测量值的尾数采用四舍五入法，而相对不确定度一般要保留两位有效数字。绝对误差 Δx 的有效数字为一位，$\bar{x}$的有效数字与 Δx 相对应，多余的应舍去。

(3)测量结果的末位数要与不确定度所在位对齐。测量结果的值取几位，由不确定度来决定。即所测结果保留的位数与不确定度保留的位数相等。后面的尾数则采用“4舍6入，等于5凑成偶”的原则进行取舍。

例如：某实验中测得 $\bar{x}=46.1753\times10^{-3}$ m，计算出不确定度为 $\Delta x=0.2414\times10^{-3}$ m。

则应取 $\Delta x=0.25\times10^{-3}$ m。

测量结果应表示为

$$x=(46.18\pm0.25)\times10^{-3}\ \text{m}$$

再如，测得长度 $\bar{L}=32.25$ cm，计算出不确定度 $\Delta L=0.014$ cm，则应取 $\Delta L=0.02$ cm。

测量结果应表示为

$$L=32.2\pm0.2(\text{cm})$$

相对不确定度为

$$E_L=\frac{\Delta L}{\bar{L}}\times100\%=\frac{0.02\ \text{cm}}{32.2\ \text{cm}}\times100\%=0.06\%$$

例 2.1　实验测得一钢球的质量 $M=(1.01\pm0.01)$g，使用0～25 mm的一级螺旋测微计(Δ仪$=0.004$ mm)测量钢球的直径 d(同一方位)，测得的数据见表2-1，求钢球的密度 ρ 及其不确定度 $\Delta\rho$。

表 2-1　测量钢球的直径

测量序号	初读数 x_1/mm	末读数 x_2/mm	直径 $d=(x_2-x_1)$/mm
1	0.004	6.002	5.998
2	0.003	6.000	5.997
3	0.004	6.000	5.996
4	0.004	6.001	5.997
5	0.005	6.001	5.996
6	0.004	6.000	5.996
7	0.004	6.001	5.997
8	0.003	6.002	5.999
9	0.005	6.000	5.995
10	0.004	6.000	5.996

解:(1)计算直径 d 的最佳值,即算术平均值 $\bar{d}=\frac{1}{n}\sum_{i=1}^{n}d_i$,得

$$\bar{d}=5.9967\ \text{mm}$$

(2)计算不确定度

平均值的标准偏差为

$$S_{\bar{d}}=\frac{\sigma_d}{\sqrt{n}}=\sqrt{\frac{\sum_{i=1}^{n}(d_i-\bar{d})^2}{n(n-1)}}=0.00037\ \text{mm}$$

由 $P=0.95$,$n=10$,查表 2-1 可知 $t=2.26$,A 类分量等于标准偏差

$$\Delta A=S=t\ S_{\bar{d}}=2.26\times0.00037\ \text{mm}=0.00084\ \text{mm}$$

仪器误差 Δ仪$=0.004$ mm,B 类分量等于仪器误差

$$\Delta B=\Delta_{仪}=0.004\ \text{mm}$$

总不确定度为

$$\Delta d=\sqrt{S_{\bar{d}}^2+\Delta_{仪}^2}=0.0041\ \text{mm}\approx0.005\ \text{mm}$$

(3)测量结果为

$$d=(5.997\pm0.005)\ \text{mm},(P=0.95)$$

相对不确定度

$$E=\frac{\Delta d}{d}\times100\%=\frac{0.005\ \text{mm}}{5.9967\ \text{mm}}\times100\%=0.083\%$$

(4)球体的密度公式为　$\rho=\frac{M}{V}=\frac{6M}{\pi d^3}$

密度的最佳值为

$$\bar{\rho}=\frac{6\bar{M}}{\pi\bar{d}^3}=\frac{6\times1.01\ \text{g}}{3.1416\times(0.59967\ \text{mm}^3)}=8.95(\text{g}\cdot\text{mm}^{-3})$$

(5)密度是间接测量，其相对不确定度为

$$\frac{\Delta\rho}{\bar{\rho}}=\sqrt{\left(\frac{1}{\rho}\frac{\partial\rho}{\partial M}\right)^2(\Delta\bar{M})^2+\left(\frac{1}{\rho}\frac{\partial\rho}{\partial d}\right)^2(\Delta\bar{d})^2}$$

$$\frac{\Delta\rho}{\bar{\rho}}=\sqrt{\left(\frac{1}{M}\right)^2(\Delta\bar{M})^2+\left(\frac{3}{d}\right)^2(\Delta\bar{d})^2}=\sqrt{\frac{1}{(1.01\ \mathrm{g}^2)}\times(0.01\ \mathrm{g}^2)+\left(\frac{3}{5.9967\ \mathrm{mm}}\right)^2\times(0.0041\ \mathrm{mm}^2)}$$
$$=0.99\%$$

(6)密度的不确定度为

$$\Delta\rho=\bar{\rho}\times0.99\%=(8.95\ \mathrm{g\cdot mm^{-3}})\times0.99\%\approx0.09(\mathrm{g\cdot mm^{-3}})$$

(7)密度的测量结果为

$$\rho=\bar{\rho}\pm\Delta\rho=8.95\pm0.09(\mathrm{g\cdot mm^{-3}})$$

注意：本例中，$\bar{d}=5.9967$ mm，$\Delta d=0.0041$ mm≈0.005 mm，二者末位对齐。

最后结果写为：$d=(5.997\pm0.005)$mm，说明实际值在5.992～6.002 mm范围之内，这里前面三位5.99是可靠数字，最后一位是反映误差的存疑数字。测量结果多一位或少一位都是错误的。

例2.2　单摆法测定重力加速度实验中，测得周期$T=(2.014\pm0.003)$ s，摆长$L=(1.002\pm0.002)$m，试计算重力加速度和相对不确定度。

解：因为

$$g=f(L,T)=\frac{4\pi^2L}{T^2}$$

所以

$$\bar{g}=\frac{4\pi^2\bar{L}}{\bar{T}^2}=9.7523\ \mathrm{m\cdot s^{-2}}$$

由误差传递公式可得

$$(\Delta g)^2=\left(\frac{\partial f}{\partial L}\right)^2(\Delta L)^2+\left(\frac{\partial f}{\partial T}\right)^2(\Delta T)^2$$

从而得

$$\left(\frac{\Delta g}{g}\right)^2=\left(\frac{\Delta L}{L}\right)^2+\left(2\frac{\Delta T}{T}\right)^2$$

代入各数据得

$$\frac{\Delta g}{\bar{g}}=3.59\times10^{-3}$$

总不确定度为

$$\Delta g=3.50\times10^{-2}\mathrm{m\cdot s^{-2}}=0.035\ \mathrm{m\cdot s^{-2}}\approx0.04\ \mathrm{m\cdot s^{-2}}$$

重力加速度测得结果为

$$g=\bar{g}\pm\Delta g=(9.75\pm0.04)\mathrm{m\cdot s^{-2}}$$

相对不确定度为

$$E=\frac{\Delta g}{\bar{g}}\times100\%\approx\frac{0.04\ \mathrm{m\cdot s^{-2}}}{9.75\ \mathrm{m\cdot s^{-2}}}\times100\%\approx0.4\%$$

注意：本例中，$\bar{g}=9.752\ 3\ \mathrm{m\cdot s^{-2}}$，$\Delta g=0.04\ \mathrm{m\cdot s^{-2}}$。

按“末位对齐”原则，最后结果为：$g=(9.75\pm0.04)\ \mathrm{m\cdot s^{-2}}$。

这里前面两位9.7是可靠数字，后面一位是存疑数字。同样，测量结果多一位或少一位都是错误的。

2.2.3　直接测量的读数原则

直接测量读数应反映出有效数字。例如：用毫米刻度的米尺测量某物体长度。

如图2-1(a)所示，$L=5.67$ cm，“5.6”是从米尺上读出的“可靠”数，“7”是从米尺上估读的“存疑”数，是含有误差的，但是有效的，所以读出的是三位有效数字。

如图2-1(b)所示，$L=2.00$ cm应是三位有效数字，而不能读写为$L=2.0$ cm或$L=2$ cm，因为这样表示分别只有两位或一位有效数字。

如图2-1(c)所示，$L=90.70$ cm有四位有效数字。

但是若改用厘米刻度的米尺来测量该物体长度时，如图2-1(d)所示，则$L=90.7$ cm，只有三位有效数字。

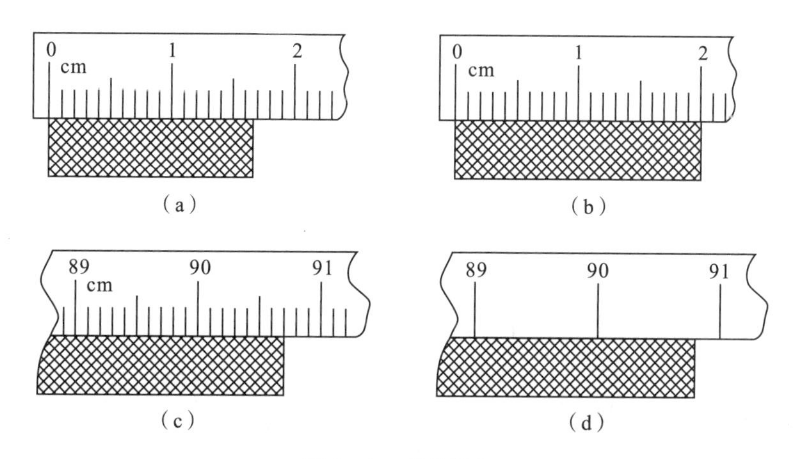

图2-1　直接测量

所以在直接测量读数时：

(1)应该估读到仪器最小刻度以下的一位存疑数。

(2)有效数字位数的多少，既与使用仪器的精度有关，又与被测量本身的大小有关。

综上所述，有效数字位数是仪器精度和被测量本身大小的客观反映，不能任意增减。

2.2.4　科学计数法

如果要记录的数很大或很小，而且有效数字位数也不多时，常用标准形式。在单位换算或交换小数点位置时，应该运用科学记数法，即把不同单位用10的不同次幂表示。通常在小数点前只写一位数字，不能改变有效数字位数。

例如：1.2 m不能写作120 cm，也不能写作1200 mm，或1200000 μm，应记为

$$1.2\ \text{m}=1.2\times10^{2}\ \text{cm}=1.2\times10^{3}\ \text{mm}=1.2\times10^{6}\ \mu\text{m}$$

反之，把小单位换成大单位，小数点移位，在数字前出现的“0”虽不是有效数字，仍应以科学计数法表示为宜。

例如：$2.4\ \text{mm}=2.4\times10^{-1}\ \text{cm}=2.4\times10^{-3}\ \text{m}$

再如：真空中的光速$c=299800$ km/s，不确定度为200 km/s，这个测量结果用科学计数法应该表示为

$$c=(2.998\pm0.002)\times10^{8}\ \mathrm{m\cdot s^{-1}}$$

2.2.5 有效数字运算规则

前面讲过,测量结果有效数字的位数由不确定度来确定,但是,间接测量的结果要通过运算才能得出,运算结果有效数字位数的多少仍应由不确定度计算结果来确定。在做不确定度计算以前的测量值运算过程中,可用有效数字运算规则进行初步取舍,以简化运算过程。

1. 加减运算

规则:几个数相加减时,以小数位数最少的为准,其余各数小数比该数多一位。

例如:

$$\begin{array}{r}30.3\\1.384\\+\ 0.0067\\\hline 31.6907\end{array}\xrightarrow{\text{可简化为}}\begin{array}{r}30.3\\1.38\\+\ 0.01\\\hline 31.69\end{array}$$

小数位数最少的是 30.3,只有一位,其余两数小数位数是 2,结果为 31.7。

例如:

$$\begin{array}{r}12.6\\-\ 4.378\\\hline 8.222\end{array}\xrightarrow{\text{可简化为}}\begin{array}{r}12.6\\-\ 4.38\\\hline 8.22\end{array}$$

小数位数最少的是 12.6,只有一位,其余各数小数位数是 2,结果为 8.2。

2. 乘除运算

规则:几个数相乘除时,以数字位数最少的为准,其余各数比该数多一位,且与小数点位置无关。

例如: $\dfrac{10.522\times0.34}{1.118}\xrightarrow{\text{可简化为}}\dfrac{10.5\times0.34}{1.12}=3.19$

数字位数最少的为 0.34,只有两位,其余各数位数是 3 位,结果为 3.19。

例如: $\dfrac{160.41}{12.425\times4.11}\xrightarrow{\text{可简化为}}\dfrac{160.4}{12.42\times4.11}=3.142$

数字位数最少的为 4.11,只有 3 位,其余各数位数是 4 位,结果为 3.14。

3. 乘方、立方、开方运算

规则:结果可比原数多保留一位。

例如:$(341)^2=1163\times10^2$ 或 1.163×10^5

例如:$\sqrt{27.37}=5.2316$

4. 对数、三角函数运算

对数运算规则:n 位数的数字,应该用 n 位对数表。

例如:$\lg3.142+\lg5.267=0.4972+0.7216=1.1288$

三角函数运算规则:所用函数表的位数随角度误差的减小而增加。角度误差为 10″、1″、0.1″、0.01″时,相应三角函数表位数分别选择 5 位、6 位、7 位、8 位。

5. 计算机运算

计算机运算时,必须对计算显示的结果用上述有效数字运算规则和误差取舍法则进行判别并写出正确结果。在中间运算时,运算数据可多取一位或两位,使运算结果准确度尽可能高些,但不要随意增加或减少有效数字的位数,更不能认为计算出的结果位数越多越好。

2.3　数据处理常用方法

进行科学实验的目的是找出事物的内在规律(即各物理量之间内在的规律性)，或检验某种理论的正确性。因此，必须对实验测量收集的大量数据资料进行正确地分析。

数据处理是指从获得数据起到得出结论为止的加工过程，包括记录、整理、计算、作图、分析等方面。一般在中间过程往往多保留一位有效数字，最后结果仍应按有效数字有关规则进行取舍。

本节主要介绍几种常用的数据处理方法。

2.3.1　列表法

在记录和处理数据时，常常将数据排列成表格形式，能简单而明确地表示出有关物理量之间的对应关系，也有助于检验和发现实验中的问题。对实验工作者来说，列表记录、处理数据是一种良好的工作习惯。

列表要求如下：

(1)将表的名称居中写在表格的上方；

(2)在表中各行或各列的标题栏内，写明物理量名称、符号、单位；

(3)表中列入的原始测量数据或中间结果等均要正确反映测量结果的有效数字；

(4)项目的顺序应充分注意数据间的联系和计算的方法，力求简明、便于计算处理；

(5)若是函数测量关系的数据表，则应按自变量由小到大或由大到小的顺序排列。

下面以使用螺旋测微计测量钢球直径 D 为例，测量列表记录为表 2－2。

表 2－2　测钢球直径 D^* (使用仪器：0～100 mm 一级螺旋测微计，Δ仪＝±0.004 mm)

测量次序	初读数/mm	末读数/mm	直径 D_i/mm	$V_i=(D_i-\bar{D})$/mm	$V_i^2\times10^{-8}$ mm^2
1	0.004	6.002	5.998	+0.001 3	169
2	0.003	6.000	5.997	+0.000 3	9
3	0.004	6.000	5.996	−0.000 7	49
4	0.004	6.001	5.997	+0.000 3	9
5	0.005	6.001	5.996	−0.000 7	49
6	0.004	6.000	5.996	−0.000 7	49
7	0.004	6.001	5.997	+0.000 3	9
8	0.003	6.002	5.999	+0.002 3	529
9	0.005	6.000	5.995	−0.001 7	289
10	0.004	6.000	5.996	−0.000 7	49
平均	—	—	$\bar{D}=5.996\ 7$	$\sum V_i=0$	$\sum V_i^2=1\ 210\times10^{-8}$ $S_{\bar{D}}=0.000\ 4$ mm

* 若用计算器计算 $\bar{D}$、$S_{\bar{D}}$，则后两列可省。

处理数据如下。

由表 1-1 可查得 $t_{0.95}=2.26(n=10)$，由例 2.1 可知

A 类不确定度：$\Delta A=S=t_{0.95}S_{\bar{d}}=0.00084\ \text{mm}$；

B 类不确定度：$\Delta B=\Delta_{仪}=0.004\ \text{mm}$；

总不确定度：$\Delta d=0.0041\ \text{mm}=0.005\ \text{mm}$；

最后结果：$d=\bar{d}\pm\Delta d=(5.997\pm0.005)\text{mm}\quad(P=0.95)$。

上列表格中数据在计算直径 d 的平均值时多保留了一位。

2.3.2 作图法

物理规律既可以用解析函数关系表示，也可以借助图线表示。作图可以把一系列数据之间的关系或变化情况用图线直观地表现出来，因此，工程师和科学家一般对定量的图线最感兴趣。特别是对尚未找到解析函数表达式的实验结果，可以从图线中去寻找出相应的经验公式。

物理实验中作图的基本步骤是：①图纸的选择；②坐标的分度和标记；③标出每个实验点；④画出一条与多数实验点基本符合的图线；⑤注解和说明等。作图规则如下。

1. 选用坐标纸

一定要用坐标纸作图，应根据具体实验情况选取合适的坐标纸。常用的图纸有直角坐标纸（毫米方格纸）、对数坐标纸、极坐标纸等。

因为图线中直线最简单，也易绘制，所以在已知函数关系的情况下，作两变量之间的关系图线时，最好通过变量变换将某种函数关系的曲线变换为线性函数关系的直线。

例如：

(1) $y=a+bx$，y 与 x 为线性函数关系。

(2) $y=a+b\dfrac{1}{x}$，若令 $u=\dfrac{1}{x}$，则得 $y=a+bu$，y 与 u 为线性函数关系。

(3) $y=ax^{b}$，取对数，则 $\log y=\log a+b\log x$，$\log y$ 与 $\log x$ 为线性函数关系。

(4) $y=ae^{bx}$，取自然对数，则 $\ln y=\ln a+bx$，$\ln y$ 与 x 为线性函数关系。

2. 定轴与分度

通常自变量为横轴，因变量为纵轴。坐标轴的矢端应标明物理量的符号和单位。定轴后就要在坐标轴上每隔一定间距均匀地标出分度值。坐标的分度要根据实验数据的有效数字和对结果的要求来确定。标记所用有效数字位数应与原始数据的有效数字位数相同，单位与坐标轴的单位一致。分度的原则是不用计算便能确定各点的坐标。通常只用 1、2、5 进行分度，避免用 3、7 等进行分度。

要适当确定坐标轴的比例和起点，合理布局，使图线比较对称地充满整个图纸。坐标分度值不一定从零开始，可以用低于原始数据的某一整数作为坐标分度的起点，用高于测量所得最高值的某一整数作为终点，这样图线就能充满所选用的整个图纸，如图 2-2 所示。

3. 标点

根据测量数据，在坐标系上用细铅笔以“●”或“×”等记号标出各数据点的位置，若要在同一图纸上画出不同图线，标点应该用不同符号，以便区分，如图 2-3 所示。

4. 连线

标点工作完成后，根据标点的情况，把数据点连成直线或光滑曲线。连线时应使用透明的

直尺、三角板、曲线板等作图工具。所绘的曲线或直线应光滑匀称，而且要尽可能使所绘的图线通过较多的测量点，其他不在图线上的点，使它们均匀地分布在图线的两侧，如图 2-4 所示。

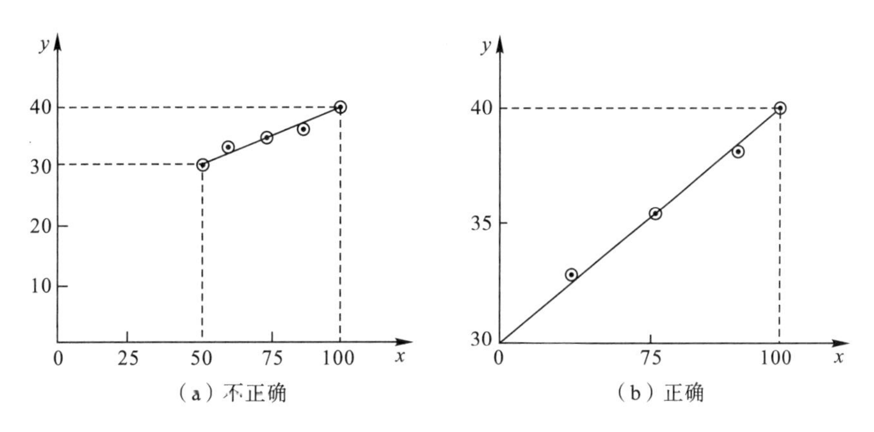

（a）不正确　　（b）正确

图 2-2　数据的正确标点

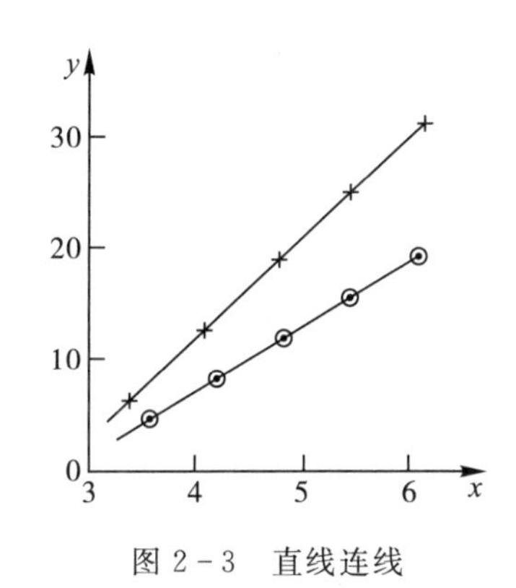

图 2-3　直线连线

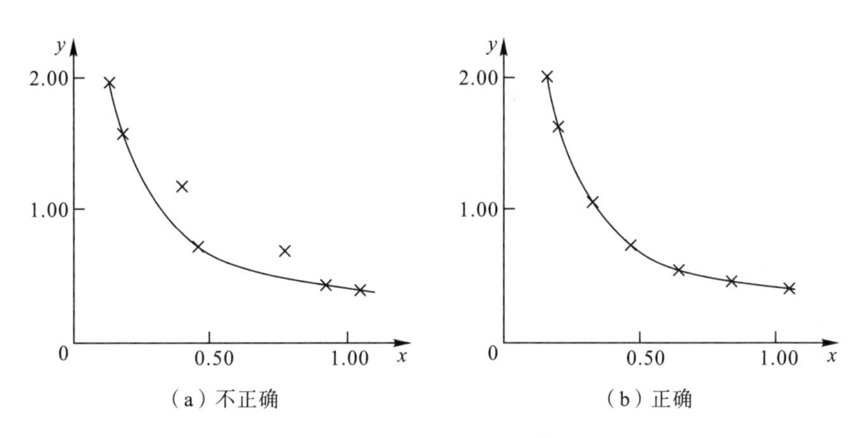

（a）不正确　　（b）正确

图 2-4　光滑曲线连线

5. 求斜率

为求直线的斜率,通常用两点法。因为直线不一定通过原点,在直线的两端任取两点 $A(x_1,y_1)$、$B(x_2,y_2)$,这两点应尽量分开些,如图 2-5 所示,如果两点太靠近,计算斜率时会增大误差。

注意:一般不用实验点,而是在直线上选取,用与实验点不同的记号表示,并在记号旁注明其坐标值。

设直线方程 $y=a+bx$,将两点坐标值代入,可得直线斜率

$$b=\frac{y_2-y_1}{x_2-x_1}$$

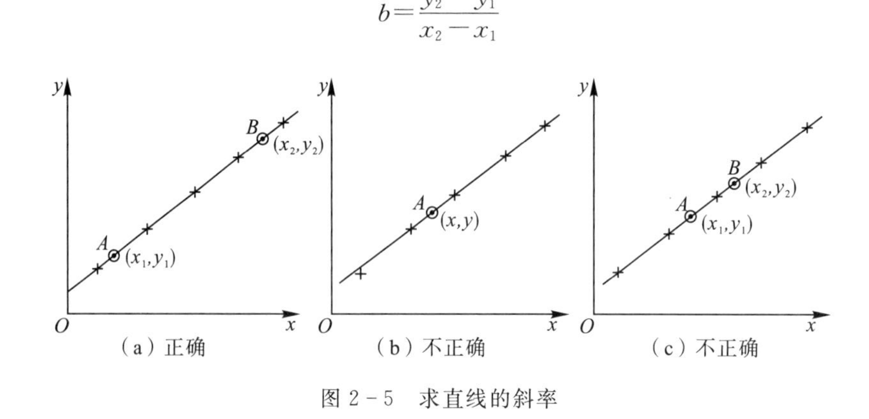

图 2-5 求直线的斜率

6. 注解和说明

在图纸的明显位置应写清图的名称,注明作者,作图日期和必要的简短说明。

例 2.3 根据相关理论,热敏电阻的阻值 R 与温度 T 的函数关系为 $R_T=ae^{\frac{b}{T}}$。式中,a,b 为待定常数,T 为热力学温度。根据测量热敏电阻的阻值随温度变化的关系进行列表和图示。

实验测量数据和变量变换值列于表 2-3 中。

表 2-3 热敏电阻的阻值 R 与温度 T

序号	t_C/℃	T/K	R_T/Ω	$x=\frac{1}{T}/10^{-3}\text{K}^{-1}$	$y=\ln R_T$
1	27.0	300.2	3 427	3.331	8.139
2	29.5	302.7	3 124	3.304	8.047
3	32.0	305.2	2 824	3.277	7.946
4	36.0	309.2	2 494	3.234	7.822
5	38.0	311.2	2 261	3.213	7.724
6	42.0	315.2	2 000	3.173	7.601
7	44.5	317.7	1 826	3.148	7.510
8	48.0	321.2	1 634	3.113	7.399
9	53.5	326.7	1 353	3.061	7.210
10	57.5	330.7	1 193	3.024	7.084

解:为了变换成直线形式,对两边同时取对数得

$$\ln R_T = \ln a + \frac{b}{T}$$

令 $y=\ln R_T, a'=\ln a, x=\frac{1}{T}$，则得直线方程为 $y=a'+bx$。

实验测量了热敏电阻在不同温度下的阻值后，以变量 x, y 作图。

若 $y-x$ 图线为直线，就证明了 R_T 与 T 的理论关系式是正确的。

根据描点法，画出 $\ln(R_T)-\frac{1}{T}$ 关系直线，如图 2－6 所示。

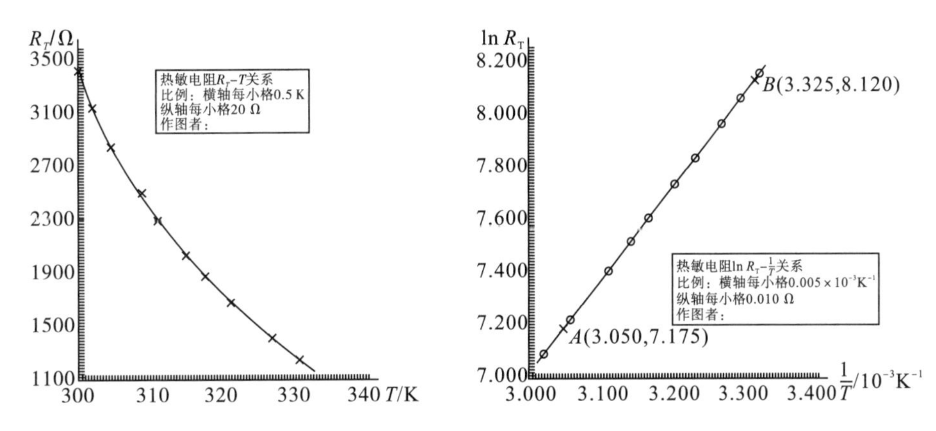

图 2－6 实验数据的注解和说明

由 $A(3.050, 7.175)$、$B(3.325, 8.120)$ 可得

$$b=\frac{\ln(R_2)-\ln(R_1)}{(\frac{1}{T_2})-(\frac{1}{T_1})}=\frac{8.120-7.175}{(3.325-3.050)\times10^{-3}}=3.44\times10^3$$

$$a'=\frac{(\frac{1}{T_2})\ln(R_1)-(\frac{1}{T_1})\ln(R_2)}{(\frac{1}{T_2})-(\frac{1}{T_1})}=\frac{(3.325\times7.175-3.050\times8.120)\times10^{-3}}{(3.325-3.050)\times10^{-3}}=-3.305$$

$$a'=\ln a=-3.305$$

$$a=0.0367$$

可得该热敏电阻的阻值与温度的关系为

$$R_T=0.0367e^{3.44\times10^3/T}$$

2.3.3 逐差法

逐差法是物理实验中处理数据常用的一种方法。实验中，间接测量的函数可以写成多项式形式，且自变量 x 是等间距变化时，就采用逐差法来处理数据。

什么是逐差法呢？逐差法有两种方法：

(1)逐项逐差法。自变量等值变化，就是用实验测量数据的后项减前项，用来验证多项式。

(2)隔项逐差法。对于线性关系，实验中测量偶数个数据，从中间分成两半。然后两半的对应项相减，再求出平均值；或者分成高、低两组实行对应项相减，再求出平均值。

例如：用受力拉伸法测定弹簧劲度系数 k。已知在弹性限度范围内，伸长量 Δx 与所受拉

力 F 之间满足 $F=kx$ 关系，等间距地改变拉力（负荷），将测得的一组数据列于表 2-4。

表 2-4　拉伸法测定弹簧劲度系数数据记录表

次数	1	2	3	4	5	6	7	8
拉力 $N_x/(10^{-3}\text{N})$	0	2×9.8	4×9.8	6×9.8	8×9.8	10×9.8	12×9.8	14×9.8
伸长量 $x_x/(10^{-2}\text{m})$	0.00	1.50	3.02	4.50	6.01	7.50	9.00	10.50
$\Delta x_i=x_{i+1}-x_i$	1.50	1.52	1.48	1.51	1.49	1.50	1.50	
$\Delta\bar{x}_i=x_{i+4}-x_i$	6.01	6.0	6.02	6.0	—	—	—	—

由表中结果可判断出 Δx_i 基本相等，约等于 1.50，验证了 Δx_i 与弹力 F 的线性关系。

实际上，"逐差验证"工作在物理实验测量过程中可随时进行，以判别测量是否正确。

也可以用隔项逐差法，将上述数据分成高组（x_8、x_7、x_6、x_5）和低组（x_4、x_3、x_2、x_1），然后对应项相减求平均值，得

$$\Delta\bar{x}_i=\frac{1}{4}[(x_8-x_4)+(x_7-x_3)+(x_6-x_2)+(x_5-x_1)]$$

$$\Delta\bar{x}_i=\frac{1}{4}[6.01+6.0+6.02+6.0]=6.0075$$

由计算结果可判断出 $\Delta\bar{x}_i$ 基本相等，约等于 6.0，相当于重复测量了 4 次，每次负荷 $8\times9.8\times10^{-3}$ N。这样处理可以充分利用数据，体现出多次测量的优点，减小了测量误差。

2.3.4　最小二乘法和线性拟合

用作图法处理数据虽然有许多优点，但这是一种粗略的数据处理方法。在作图纸上人工拟合直线时，由于作图连线有一定的主观随意性，尤其是在数据比较分散时，不同的人用同一组测量数据作图可得出不同的结果，因而人工拟合的直线往往不是最佳的。

由一组实验数据找出一条最佳的拟合直线（或曲线）称为方程的回归问题，所得变量之间的相关函数关系称为回归方程。常用的方法是最小二乘法，最小二乘法线性拟合亦称为最小二乘法线性回归。

下面，我们讨论用最小二乘法进行一元线性拟合问题。多元线性拟合与非线性拟合，可参阅其他资料。

最小二乘法原理是：若能找到一条最佳的拟合直线，那么这条拟合直线上各相应点的 y 值与测量点的纵坐标之差的平方和在所有拟合直线中应是最小的。

方程的回归问题，首先要确定函数的形式。一般根据理论推断或者根据实验数据的变化趋势进行推测。

例如，推断研究的两个变量 x 和 y 间是线性相关关系，则回归方程的形式为

$$y=a+bx \tag{2-10}$$

其图线是一条直线，自变量只有一个 x，故称为一元线性回归。

实验中测得一组数据 x_i，y_i（$i=1,2,\cdots,n$），现在要解决的问题是：

怎样根据这组数据来确定式（2-10）的系数 a 和 b。

由于测量总是存在误差，实验点不可能完全落在由式（2-10）得到的直线上。对于和某一个 x_i 相对应的 y_i 与直线在 y 方向上的偏差为

$$v_i = y_i - y = y_i - (a + bx_i) \tag{2-11}$$

由于最小二乘法就是数据处理时要求满足偏差的平方和最小，如图 2 - 7 所示，根据最小二乘法原理

$$s = \sum_{i=1}^{n} v_i^2 = \sum_{i=1}^{n} (y_i - a - bx_i)^2 = s_{\min} \tag{2-12}$$

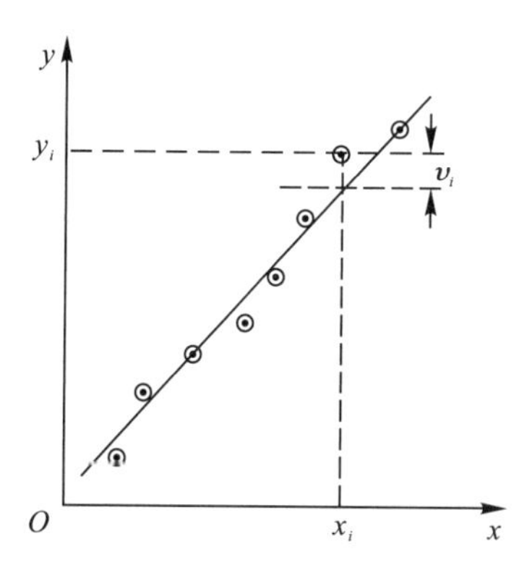

图 2 - 7　直线拟合数据

使其为最小的条件是

$$\frac{\partial s}{\partial a} = 0, \frac{\partial s}{\partial b} = 0, \frac{\partial^2 s}{\partial a^2} > 0, \frac{\partial^2 s}{\partial b^2} > 0$$

由一阶导数等于零得

$$\begin{aligned} \frac{\partial s}{\partial a} &= \sum 2(y_i - a - bx_i)(-1) = -2\sum (y_i - a - bx_i) = 0 \\ \frac{\partial s}{\partial b} &= -2\sum (y_i - a - bx)x_i = 0 \end{aligned} \tag{2-13}$$

由式(2 - 13)(亦称正则方程组)可解得

$$a = \frac{\sum x_i \sum y_i - \sum x_i \sum (x_i y_i)}{n\sum x_i^2 - \left(\sum x_i\right)^2} \tag{2-14}$$

$$b = \frac{n\sum (x_i y_i) - \sum x_i \sum y_i}{n\sum x_i^2 - \left(\sum x_i\right)^2} \tag{2-15}$$

若令

$$[X] = \frac{\sum x_i}{n}, [Y] = \frac{\sum y_i}{n}, [XX] = \frac{\sum x_i^2}{n}, [XY] = \frac{\sum x_i y_i}{n} \tag{2-16}$$

则 a, b 为

$$a = [Y] - b[X] \tag{2-17}$$

$$b = \frac{[XY] - [X][Y]}{[XX] - [X]^2} \tag{2-18}$$

式(2 - 12)对 a, b 求二阶导数后，可知$\frac{\partial^2 s}{\partial a^2} > 0, \frac{\partial^2 s}{\partial b^2} > 0$。

这样式(2 - 17)和(2 - 18)给出的 a, b 对应 $s = \sum v_i^2$ 的极小值，即用最小二乘法对拟合直线

得到两个参量：斜率和截距，也就得到了直线的回归方程式(2-10)。

如果变量之间存在一一对应的完全确定的关系，则称为函数关系。如果由于实验中随机误差的影响，变量之间的联系存在不确定性，使它们之间没有一一对应的确定关系，但从统计上看，它们之间存在着规律性的联系，这种关系就叫相关关系。

如果实验是要通过 x,y 的测量值来寻找经验公式，则还应判断由上述一元线性拟合所找出的线性回归方程是否恰当。

为了表示 x,y 之间线性关系的密切程度，定义一元线性回归的相关系数 r 为

$$r=\frac{\sum(x_i-\bar{x})(y_i-\bar{y})}{\sqrt{\sum(x_i-\bar{x})^2\cdot\sum(y_i-\bar{y})^2}}=\frac{[XY]-\bar{x}\bar{y}}{\sqrt{([XX]-\bar{x}^2)([YY]-\bar{y}^2)}} \tag{2-19}$$

相关系数 r 数值的大小表示相关程度的好坏。

如图 2-8 所示，当 $r=\pm1$ 时，表示变量 x,y 完全线性相关，拟合直线通过全部实验点；

当 $|r|<1$ 时，实验点的线性不好，$|r|$ 越小线性越差；

当 $r=0$ 时，表示 x 与 y 完全不相关。

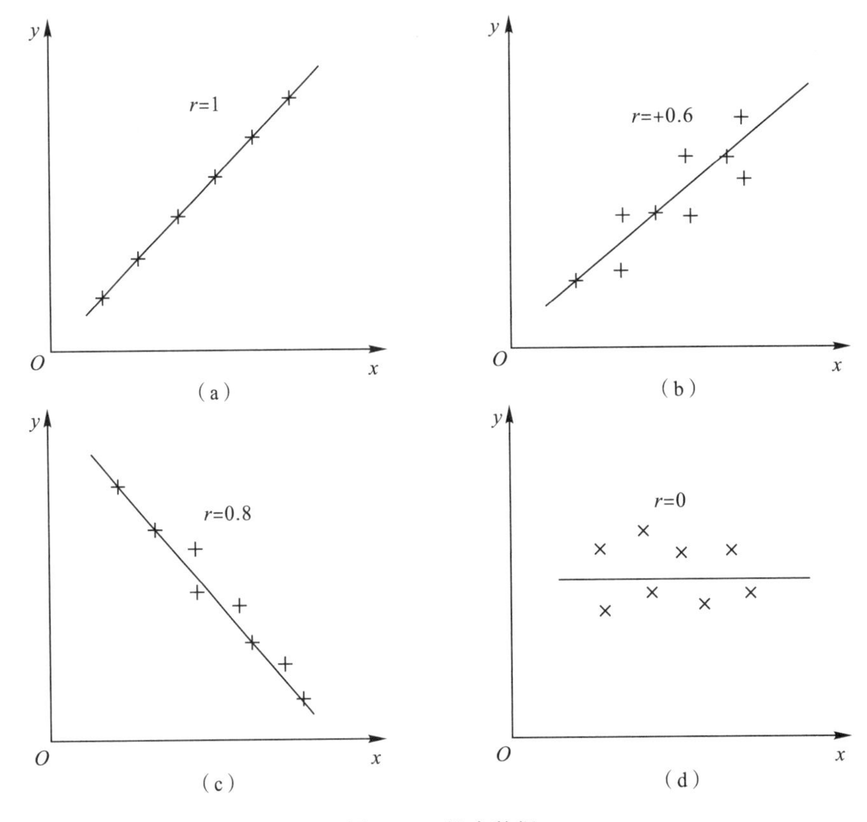

图 2-8 拟合数据

习 题

1. 用精密天平称某物体的质量，称量五次的结果分别是 3.6130 g、3.6125 g、3.6128 g、

3.6122 g，试求其质量的平均值、绝对误差和相对误差。

2. 有三名同学用螺旋测微计测量一钢球的直径，三个人测量的结果分别是：

甲：(1.2832±0.0002)cm；乙：(1.283±0.0002)cm；丙：(1.28±0.0002)cm。问：哪个人的结果表示正确？另外两个人错在哪里？

3. 一个铅圆柱体，测得其直径 $d=(2.14\pm0.001)$ cm，高度 $d=(4.32\pm0.002)$ cm，质量 $m=(168.18\pm0.005)$ g。

(1)计算铅圆柱体的密度；

(2)计算密度的不确定度的相对误差；

(3)计算密度的不确定度并正确表示出测量结果。

4. 用双臂电桥对某一电阻进行多次等精度测量，测得数据如下(单位为 Ω)：12.06，12.10，12.12，12.15，12.16，12.17，12.19，12.21，12.22，12.25，12.26，12.35，12.42，12.83。

(1)试用 3σ 准则判断该测量列中是否有坏值？

(2)计算检验后的平均值和平均值的标准偏差；

(3)正确表达测量结果。

5. 伏安法测电阻的数据记录如下表：

I/mA	2.00	4.00	6.00	8.00	10.00	12.00	14.00	16.00	18.00	20.00
U/V	1.00	2.01	3.05	4.00	5.01	6.00	6.98	8.00	9.00	9.96

(1)试求回归直线；

(2)计算出测量结果 R 的值。

第3章　基本测量方法与仪器

要进行物理实验，首先要根据任务要求确定实验方案，主要包括测量方法和实验方法的选择，测量仪器和测量条件的选择等。本章主要介绍基本的测量方法与测量仪器。

3.1　基本测量方法

3.1.1　比较测量法

物理实验中的一项基本任务就是对物理量的测量。为了测量各种不同范畴、不同大小的物理量，人们设计了众多的测量方法，其基本思想就是将待测物理量与已知的标准量进行比较，以获得待测量的量值，这种方法称为比较测量法，又称为相对测量法。比较测量法又分为直接比较法测量和间接比较测量法。

1. 直接比较测量法(简称直接比较法)

直接比较法就是用一个经过校准的仪器或量具与待测量直接进行比较而测出其大小。例如：用米尺测量长度就是最简单的直接比较法。用电表测量电流或电压，用秒表测量时间，用电子秤称量物体的质量等，其直接测出的读数也可看作是直接比较的结果。需要注意的是采用直接比较法的量具及仪器必须是经过标定的。

比如，用经过校准的米尺测一根杆的长度，用天平称物体的质量等都是直接比较。

那么用弹簧秤称重是直接比较吗？不是！因为它不是用重量标准与物体重量直接进行比较，而是用长度(弹簧的伸长量)与重量进行比较。

2. 间接比较测量法(简称间接比较法)

某些被测物理量无法进行直接比较测量，这时就需要设法将被测量转变为另一种能与已知标准量直接比较的物理量。这种需要借助一个中间量，或者将被测量进行某种变换而间接实现比较测量的方法，叫作间接比较测量法。

我国历史上有名的故事“曹冲称象”就是典型的间接比较测量法。曹冲所用的方法是“等量替换法”。用许多石头代替大象，在船舷上刻画记号，让大象与石头产生等量的效果，再一次次地称出石头的重量，使“大”转化为“小”，分而称之，这一难题就得到解决。

等量替换法是一种常用的科学思维方法。再讲一个爱迪生的小故事：美国发明家爱迪生有一位数学基础相当好的助手叫阿普顿，有一次，爱迪生把一只电灯泡的玻璃壳交给阿普顿，要他计算一下灯泡壳的容积。阿普顿看着梨形的灯泡壳，思索了好久之后，画出了灯泡壳的剖视图、立体图，画出了一条条复杂的曲线，测量了一个个数据，列出了一道道算式，经过几个小时的计算，还未得出结果，爱迪生看后很不满意。只见爱迪生在灯泡壳里装满水，再把水倒进量杯，不到一分钟，就把灯泡的容积“算”出来了。爱迪生用倒入量杯里的水的体积代替了灯泡壳的容积用的也是等量替换法。

物理实验中比较测量的方法很多，常用的有直读法、零位法、替代法、交换法、补偿法等。无论是直接比较测量还是间接比较测量，只要能直接测出结果就称为直接测量。例如，用米尺测物体的长度或高度，用电流计测电流，用温度计测温度等都是直接测量。有些物理量不能直接测量得到，比如物体的密度，只能作为若干直接测量量的函数而间接得到，就称为间接测量。

3.1.2　放大测量法

物理实验中涉及各种物理量的测量，即使是同一种物理量，其值的大小相差也相当悬殊。例如：长度测量，地球半径 6.38×10^{6} m，而氢原子直径仅为 1.06×10^{-10} m。要适应各种范围的精密测量，就得设计相应的装置或采用不同的方法，其中放大法是常用的基本方法之一（缩小也可视为其放大倍数小于 1 的放大）。

放大有两类：一类是将被测对象放大，使测量精度提高；另一类是将读数工具的读数细分，即给出微读数值，从而使测量精度提高。下面简单介绍物理实验中常用的几种放大测量法。

1. 机械放大法

测量微小长度与角度时，为了提高测量读数的精度，常将其最小刻度用游标、螺距的方法进行机械放大。例如，米尺的最小分度是 1 mm，其精度是 0.1 mm。用游标卡尺测，其精度是 0.02 mm，用螺旋测微计测，其精度是 0.001 mm。

利用杠杆原理也可以进行放大。比如加长仪表指针，针尖划过的弧长增大，刻度线可以更精密，读数精度就会提高。

2. 光学放大法

通常光学放大法有两种：一种是利用光学仪器的视角放大作用，将被测物体放大，同时配合细分读数机构，使测量的精密度大大提高，使被测物体通过光学仪器形成放大的像，以便观察判别。例如：望远镜、显微镜和读数显微镜。另一种是通过测量放大的物理量来获得本身较小的物理量。如测量长度微小变化和测量角度微小变化的光杠杆镜尺法，也是一种常用的光学放大法。

3. 电子学放大法

要对微弱电信号（电流、电压或功率）有效地进行观察测量，常用电子学放大法。将被测物理量先经过传感器转换为电压量或电流量，再经过电子放大后进行测量。

3.1.3　转换测量法

转换测量法是根据物理量之间的各种效应和函数关系利用变换原理进行测量的方法。在物理实验中应用极其广泛。由于物理量之间存在多种效应，所以有各种不同的方法，这正是物理实验最富有启发性和开创性的一面。

在物理实验中，转换测量法大致可分为参量换测法和能量换测法两大类。

1. 参量换测法

参量换测法是利用各参量的变换及其变化规律，以达到测量某一物理量的方法。这种方法几乎贯穿于整个物理实验领域中。例如：利用单摆测定重力加速度 g，是依据周期 T 随摆长 L 变化的规律，将 g 的测量转换为对 L、T 的测量。

2. 能量换测法

能量换测法是一种运动形式转换成另一种运动形式时，利用物理量间的对应关系进行测量。物理实验中比较典型的能量换测法有：

(1)热电换测。热学量通常不易测量，实验中常将热学量转换成电学量进行测量。例如：利用温差电动势原理，将温度的测量转换成热电偶的温差电动势的测量，或利用电阻随温度变化的规律将测温转换成对电阻的测量。

(2)压电换测。即利用压电效应，将压力转换成电势。如话筒和扬声器就是大家熟知的这种换能器，话筒把声波的压力变化变换为相应的电压变化，而扬声器则进行相反的转换，即把变化的电讯号转换成声波。

(3)光电换测。利用光电效应原理将光通量变换为电量的换能器。转换元件有光电管、光电倍增管、光电池、光敏二极管、光敏三极管等。近年来，各种光电转换器件在测量和控制系统中已广泛应用，如光通信系统和计算机的光电输入设备(光纤)等。

(4)磁电换测。利用半导体的霍尔效应进行磁学量与电学量之间的转换进行测量。

3.1.4 模拟法

由甲来模拟乙的实验方法称为模拟法。模拟法不能随意模拟，是有条件的，要求甲、乙在形式上遵从统一规律，具有数学上的相似性。模拟法可分为物理模拟和数学模拟。

1. 物理模拟

物理模拟就是保持同一物理本质的模拟。例如：用光测弹性法模拟工件内部应力分布情况；用“风洞”(高速气流装置)中的飞机模型模拟飞机实际在大气中的飞行等。

2. 数学模拟

数学模拟是指把两个不同本质的物理现象或过程用同一个数学方程来描述。例如：用稳恒电流场来模拟静电场，就是基于这两种场都遵从拉普拉斯方程，电流场容易研究，只要知道了电流场的等压线分布，就可以模拟出静电场的等位线分布。

把上述两种模拟法配合起来使用，更容易见成效。随着计算机的引入，用计算机进行模拟实验更为方便，并能将两者很好地结合起来。

以上四种方法是物理实验中常用的基本测量方法，实际上，各种测量方法往往是相互渗透、相互联系、综合使用的。所以在进行物理实验时，应认真思考、仔细分析、不断总结，逐步积累实验知识和经验。

3.2 基本测量仪器

力学实验中需要测量的三个最基本的物理量是长度、质量、时间。常用游标卡尺、螺旋测微计等测量长度，用天平称量质量，用秒表测量时间。

3.2.1 游标卡尺

使用米尺测量长度时，精度是 0.1 mm，虽然可以读到十分之一毫米位，但这一位是估读的。为了提高主尺的测量精度，在主尺(毫米分度尺)上装一个可沿主尺滑动的副尺(称为游标)，构成游标卡尺。使用游标卡尺测量长度时，不用估读就可以准确地读出最小分度的1/10、1/20 和 1/50 等。

如图 3-1 所示，就是常用的游标卡尺示意图。一对钳口 AB 用来测量物体的长度、外径，一对刀口 A′B′用来测量内径、槽宽等，深度尺(尾尺)，C 可测量孔或槽的深度。

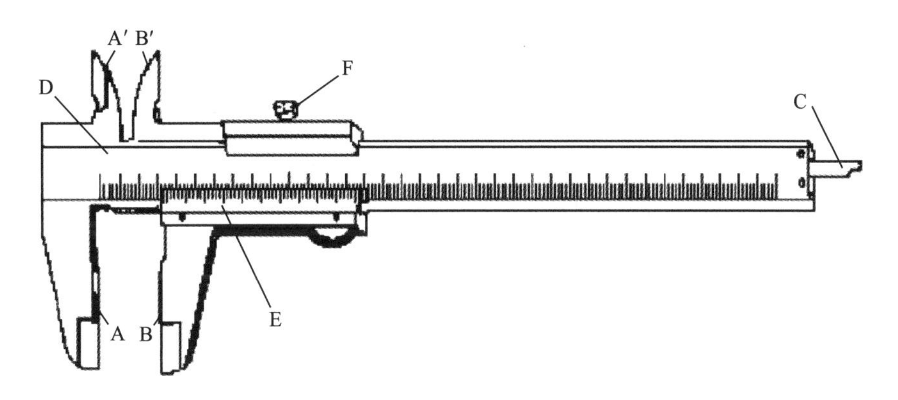

A、B—外量卡钳；A′、B′—内量卡钳；C—深度尺；D—主尺；E—游标；F—紧固螺钉。

图 3-1　游标卡尺

游标卡尺是最常用的精密量具，使用时应注意爱护，推游标时不要用力过大。使用游标卡尺时应左手拿待测物体，右手握尺，用拇指按着游标上凸起部位，或推或拉，把物体轻轻卡在钳口或刀口间即可读数，如图 3-2 所示。

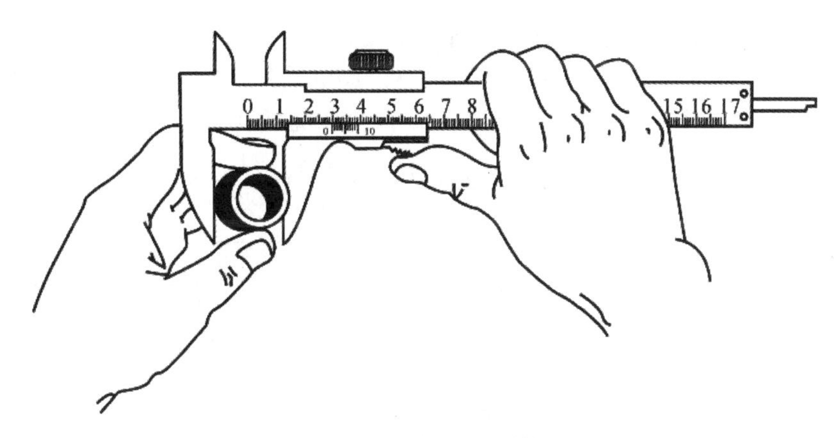

图 3-2　游标卡尺测外径

1. *游标测微原理*

游标是附在主尺上的一个附件，以游标来提高测量精度的方法，不仅用在游标卡尺上，而且还广泛地用于其他仪器上。尽管游标的长度不同，上面的分度格数不一样，但基本原理与读数方法是一样的。

游标卡尺读数示意图如图 3-3 所示，游标上 N 个分度格的长度与主尺上 $N-1$ 个分度格的长度相同。若游标上最小分度值为 b，主尺上最小分度值为 a，则

$$Nb=(N-1)a$$

游标上每个分度的值为

$$b=\frac{N-1}{N}a$$

主尺与游标最小分度值之差为游标的精度值。

$$\text{游标精确度}=a-b=a-\frac{N-1}{N}a=\frac{a}{N}=\frac{\text{主尺上最小分度值}}{\text{游标上分度格数}}$$

例如:图 3-3 中,$N=20$,$a=1$ mm,其精度值为

$$\frac{a}{N}=\frac{1\ \text{mm}}{20}=0.05\ \text{mm}$$

当游标的"0"线与主尺的"0"线对齐时,游标上第 20 条刻度线与主尺上第 19 条刻度线对齐,即与 19.0 mm 的刻度线对齐,此时游标上第 1 条刻度线与主尺上 1 mm 刻度线之间的距离为 0.05 mm。

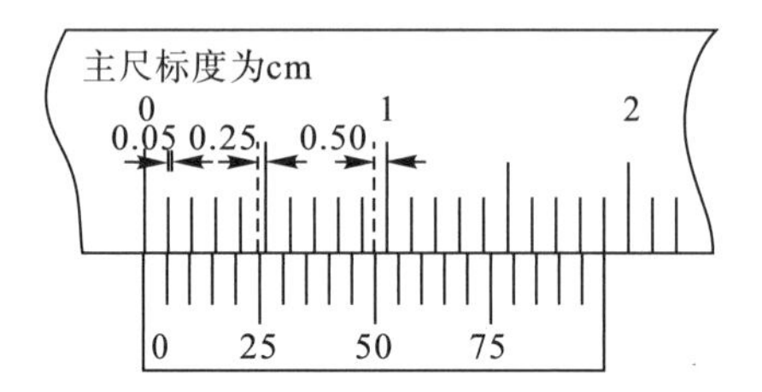

游标:标度25处为0.25 mm

图 3-3　游标卡尺读数示意图

如图 3-4 所示,当游标向右移动,使游标的第 4 条刻度线与主尺上 4 mm 处的刻度线对齐时,游标上第 4 条刻度线与主尺上 4 mm 处刻度线的间距为

$$\Delta l=4\times 0.05=0.20\ \text{mm}$$

此时,游标"0"线与主尺"0"线的间距是 0.20 mm,依此类推。

若游标上刻有 50 条刻线,则游标的精度值为 0.02 mm$=\frac{1}{50}$mm。

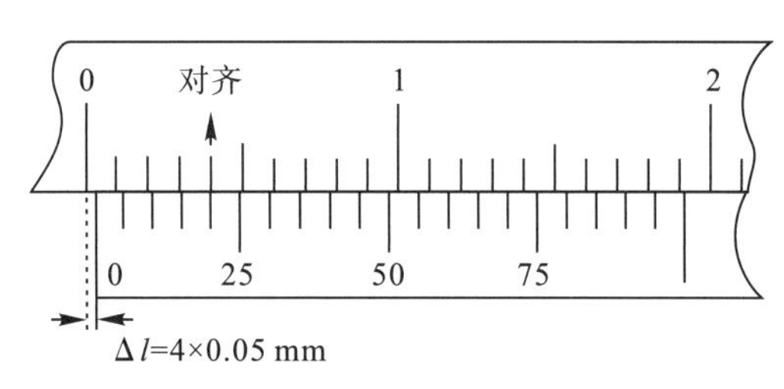

图 3-4　游标卡尺读数(1)

2. 游标卡尺的读数方法

先读出主尺上与游标"0"刻度对应的整数刻度值 l;

再把主尺上 l 以后不足 1 mm 的 Δl 部分从游标上读出。

若游标上第 k 条刻线与主尺上某一刻线对齐,则 Δl 部分的读数为

$$\Delta l=k(a-b)=k\frac{a}{N}$$

最后,将主尺读数和游标读数相加,得到结果

$$L=l+\Delta l=l+k\frac{a}{N}$$

例如:在图 3-5 中,先读出主尺上与游标"0"刻度对应的整数刻度值 61 mm,再看游标上

第 8 条刻线与主尺上某一刻线对齐。

若游标精度值$\frac{a}{N}$为$\frac{1}{20}$ mm=0.05 mm，则游标读数为 $8\times\frac{1}{20}$ mm=0.40 mm

主尺读数加上游标读数，结果为：61 mm$+8\times\frac{1}{20}$ mm=61.40 mm

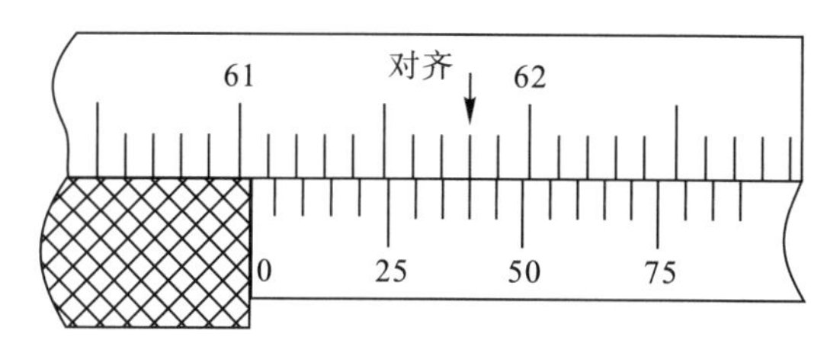

图 3-5　游标卡尺读数(2)

3.2.2　螺旋测微计

螺旋测微计由一根精密螺杆和与它配套的螺母套筒两部分组成。螺杆后端连接一个可旋转的微分套筒，微分套筒每旋转一周，螺杆前进(或后退)一个螺距。

螺旋测微计的结构如图 3-6 所示。

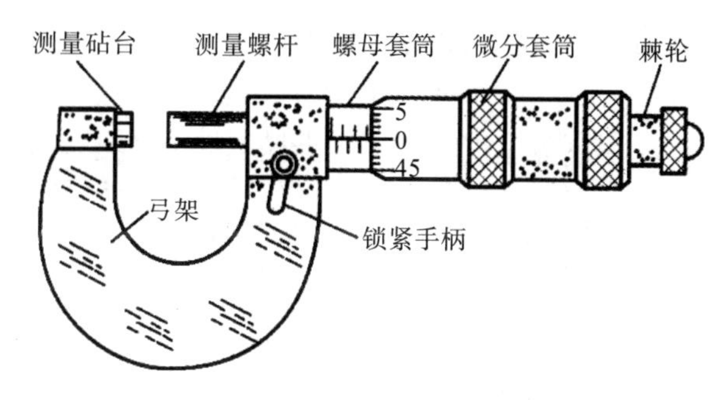

图 3-6　螺旋测微计的结构

1. 螺旋测微原理

螺旋测微计是比游标卡尺更精密的长度测量仪器，它是利用螺旋进退来测量长度的仪器，其最小分度值至少可达 0.01 mm，即 1/1000 cm，所以也叫千分尺。若微分套筒圆周上刻有 N 个分度，螺距为 a，则每转动一个分度，螺杆移动的距离为$\frac{a}{N}$。常见螺旋测微计的螺距为 $a=$ 0.5 mm，微分套筒的圆周上刻有 50 个分度，每转动一个分度，螺杆移动距离为$\frac{0.5}{50}$ mm$=$ 0.01 mm。

比游标卡尺更精密的测量长度的仪器例如光学测微目镜、读数显微镜等都是利用螺旋测微原理制成的。

2. 读数方法

先校正零点。测量前后都应该检查零点，记下零位读数，以便对测量值进行零点修正。再读出测杆上的毫米值，特别要注意上方的半毫米刻度线是否露出。

最后，在鼓轮上读出小于 0.5 mm 的尾数。

特别要注意微分筒在固定套筒上的位置，如图 3-7 所示，先读出测杆上的数 10，再读出鼓轮上的数 49.6(最后一位是估读)。

两者相加，最后结果是：

$$10+49.6\times0.01=10.496\ \text{mm}$$

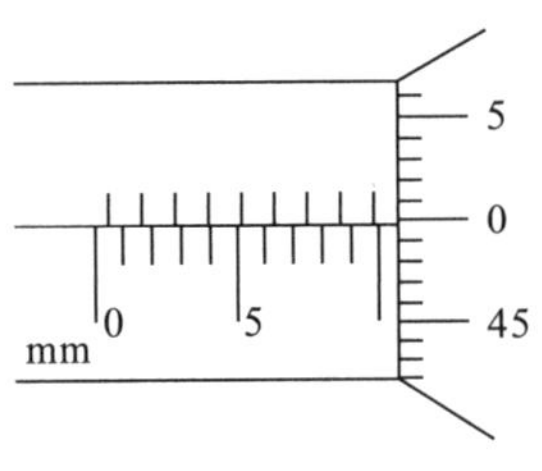

图 3-7　螺旋测微计读数

3.2.3　角游标

角游标是一个沿着圆刻度盘(弧形主尺)并与它同轴转动的小弧尺，如图 3-8 所示。在许多光学仪器中常采用角游标，分光计就是一个典型的例子。

主尺上最小分刻度 θ 为 0.5°，即 30′。游标上刻有 N 个分刻度(一般为 30 个分刻度)，其总弧长与主尺上 $N-1$ 个分刻度的弧长相等。即

$$NR\alpha=(N-1)R\theta$$

$$\text{游标精度值}=\theta-a=\frac{\theta}{N}=\frac{\text{主尺上最小分刻度值}}{\text{角游标上刻度线数}}$$

读数方法与直游标相同。在图 3-8 中，读数为 165°44′。

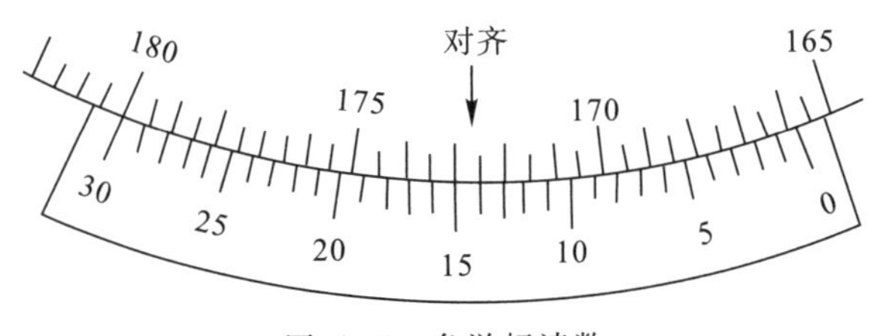

图 3-8　角游标读数

3.2.4　物理天平

大家都知道，实验室测量物体的质量常用物理天平。物理天平是进行质量评定的精密仪器，其原理就是利用等臂杠杆原理和零位法，采取比较测量。图 3-9 为实验室常用的物理天平——双盘悬挂等臂式天平的示意图。

物理天平主要结构是横梁 B，在横梁中央位置固定一个三角钢质刀口 A，刀刃向下，置于支柱 H 的刀承上。横梁等臂两侧装有两个刀口 b、b′，刀刃向上，用以悬挂吊耳，两个托盘 P、P′分别挂在吊耳上。

天平横梁是一个等臂杠杆，在支柱 H 的下端有一个制动旋钮 K，用来升降天平的横梁。横梁下降时，由支柱 H 将它托住，这时中间刀口 A 和刀承分离。在横梁两端装有调平螺丝 E、E′，

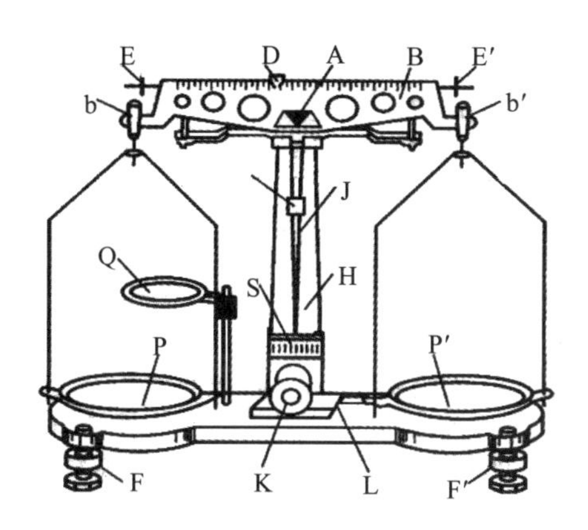

A—主刀口；B—横梁；b、b′—刀口；D—游码；E、E′—平衡螺母；
F、F′—底脚调节螺钉；H—支柱；J—指针；K—制动旋钮；L—水平仪；
P、P′托盘；Q—托板；S—标尺。

图 3-9　双盘悬挂等臂式天平示意图

当天平空载时用它们来调节天平平衡。横梁下有一根指针 J，下端 S 为标尺，用来观察和确定横梁的水平状态，当横梁水平时指针 J 应指在标尺 S 的中央刻线上。

在支柱左侧有一托板 Q，可以托住未被称量的物体。在天平的底座上或支柱上装有圆形气泡水平仪 L 或铅锤体，用来判断支柱是否铅直，调节 F、F′两个螺钉可使支柱铅直。

天平横梁上有游码标尺和游码 D，用来称量质量在 100 mg 以下的物体。在调节天平平衡时应先将游码置于 0 刻线处。

天平有两个重要的技术指标：最大称量和分度值。最大称量（极限负载）是指天平允许称量的最大质量。天平的分度值是指天平指针从平衡位置偏转标尺一个分度格时，天平秤盘上应增加（或减少）的砝码值。分度值的倒数称为天平的灵敏度，分度值越小，灵敏度越高。

物理天平使用及其注意事项：

1）称量前要做必要的调整

调节水平，使天平支柱竖直，然后用水准仪检查。

2）空载时调准零点

方法是将游码移至横梁最左端的零刻度线上，升起横梁，指针将左右摆动。观察指针是否停在零位，若平衡点不在标尺中央 0 刻线处，应转动 K，放下横梁，调整平衡螺丝 E 或 E′，然后再升起横梁，检查平衡点，直到指针平衡点在中央 0 刻度线处。

3）称量时应特别注意以下几点

（1）称量的质量不得超过天平的最大称量。

（2）被称物体必须放在左盘（液体、高温物体和腐蚀性的化学药品不能直接放在秤盘上），砝码放在右盘。拿取砝码必须要用镊子夹取，严禁用手拿。用后直接放回砝码盒中，以免影响砝码的准确度。

（3）在取放物体、增减砝码以及不使用天平时，都应降下横梁止动，只是在判断天平是否平衡时才启动天平。启动、止动天平时动作要轻缓平稳，止动天平最好在指针接近标尺中央刻线时进行。

（4）当天平平衡时，待测物体的质量就等于砝码的质量。

随着现代科技的发展，称量质量越来越多地采用电子秤。电子秤是一种利用压力传感器进行电子放大，并用数字显示质量的称量量具。电子秤应用方便，且精度与量程可不断优化，应用日益广泛，并在许多领域已逐步取代了物理天平。

天平的仪器误差一般可取感量的1/2。例如：TW－1型物理天平，称量为1000 g，感量为100 mg，仪器误差Δ仪＝50 mg。

3.2.5 计时仪器

1. 秒表

秒表有各种规格，机械型的秒表一般有两个针，长针是秒针，短针是分针，表面上的数字分别表示秒和分的示值。其分度值有0.2 s，0.1 s，0.02 s，0.01 s等，如图3－10所示。

图3－10 机械秒表

秒表上端有可旋转的按钮A，用以旋紧发条及控制秒表的走动和停止。使用前先旋紧发条，测量时用手掌握住秒表，大拇指按在按钮A上，稍用力按下，秒表立即开始计时，随即放手任其自行弹回，当需要停止时，再按一下。

当按第三次时，秒针、分针都回复到零。有些秒表在按钮A的边上安装累计钮B，向上推动B时，指针即停止走动，向下推动，指针继续走动，这样可以连续累计计时。

使用秒表时要注意以下几点：

(1)检查零点是否准确，如不准，应记下初读数，并对读数进行修正。

(2)实验中切勿摔碰，以免震坏。

(3)实验完毕，应让秒表继续走动，使发条完全放松。

如果秒表不准，会给测量带来系统误差，这时可用数字毫秒计作为标准计时器来校准。例如：秒表读数为x，数字毫秒计读数为y，校准系数即为$c=\frac{y}{x}$。当实验测得的秒表读数为t'时，真正的时间应为$t=ct'$。

2. 电子秒表

除机械秒表外，现在还常用电子秒表。它由表面的液晶屏显示时间，最小显示为0.01 s，外形结构如图3-11所示。

常用的J9-1型电子秒表有S_1、S_2、S_3三个按钮(E7-1型无S_3按钮),其中S_1按钮为起动/停止(Start/Stop);S_2按钮为复零(Reset);S_3按钮为状态选择,可作计时、闹钟、秒表三种状态(实验时处于秒表状态)。一般在实验中只要使用S_1、S_2两个按钮的起动、停止、复零三种功能。按钮均有一定寿命,因此,不要随意乱按。

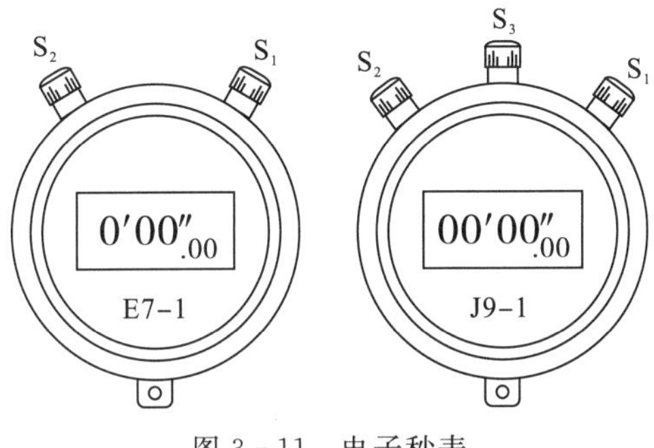

图3-11　电子秒表

3. 数字毫秒计

数字毫秒计是一种测量时间间隔的数字式电子仪表。一般测量的时间间隔为0.01 ms～999.9 s。

数字毫秒计的原理是利用石英振荡器产生一个稳定的频率很高的震荡信号作为标准时基脉冲信号。在实验中,它通过光电元件(传感器)和一系列电子元件组成的控制电路来控制时基信号进行计时,用荧光数码管显示屏显示时间数字。为了实验方便,仪器还装有自动清零的装置(即自动复零)。图3-12是数字毫秒计电路的基本原理方框图。

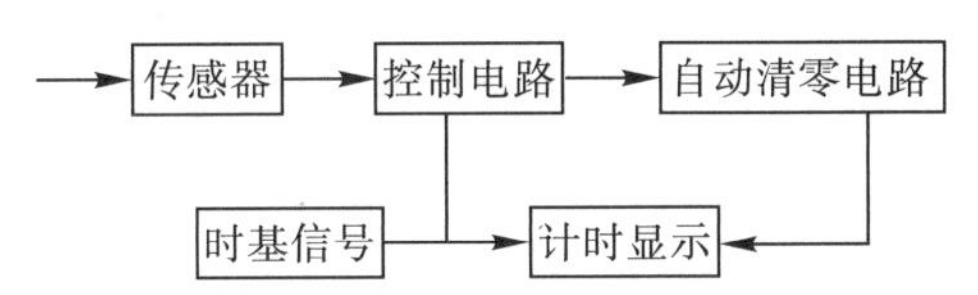

图3-12　数字毫秒计电路基本原理方框图

第4章　基础实验

4.1　力学实验

实验1　基本测量(长度、质量)

力学实验中需要测量的三个最基本的物理量是长度、质量和时间。我们常用游标卡尺、螺旋测微计等测量长度,用天平称量质量,用秒表测量时间。本次实验主要学习游标卡尺、螺旋测微计和物理天平的使用,以及误差处理和不确定度的计算。

一、实验目的

(1)了解游标卡尺和螺旋测微计的结构,明确其测量原理。

(2)掌握游标卡尺、螺旋测微计的使用方法。

(3)掌握列表法等数据处理的方法。

二、实验原理

若一物体的质量为M,体积为V,密度为ρ,则由密度定义有

$$\rho=\frac{M}{V} \tag{4-1}$$

当待测物体是一直径为d、高度为h的圆柱体时,式(4-1)变为

$$\rho=\frac{4M}{\pi d^2 h} \tag{4-2}$$

只要测出圆柱体的质量M、直径d和高度h,代入式(4-2)就可算出该圆柱体的密度ρ。

一般说来,待测圆柱体各个横截面的大小和形状都不尽相同,从不同位置测量它的直径,数值会稍有差异,圆柱体的高度各处也不完全一样。因此,要精确测定圆柱体的体积,必须在它的不同位置测量直径和高度,求出直径和高度的算术平均值。测圆柱体的直径时,可选圆柱的上、中、下三个部位进行测量,每一部位至少要测量三次。每测得一个数据后,应转动一下圆柱再测下一个数据。最后利用测得的全部数据求直径的平均值。同样,高度也应在不同位置进行多次测量。

三、实验仪器

游标卡尺、螺旋测微计(千分尺)、物理天平和被测物(小圆柱体、空心圆柱体、球体)。

四、实验内容与步骤

1. 测量形状规则的小圆柱体和球体的密度

(1)用螺旋测微计测量小圆柱体的直径 d。在测量前记下零点读数 d_0，并注意其正负性。在圆柱体的上、中、下部各测量 3 次，求其平均值 $\overline{d}$。

(2)用游标卡尺测圆柱体高度，在不同位置测量 5 次，求其平均值 $\overline{h}$。

(3)安装调节物理天平，调平衡后，用天平称量小圆柱体的质量 1 次。

(4)根据测量误差和不确定度的概念，对测量数据进行计算处理，给出小圆柱体密度的完整表达式。

2. 测量形状规则的球体的质量和体积

(1)正确使用物理天平，称量球体的质量 6 次，求其平均值 $\overline{M}$。

(2)用游标卡尺在不同位置测量球体直径 5 次，求其平均值 $\overline{d}$。

(3)自己设计表格记录数据，计算出球体的体积。

3. 用游标卡尺测量空心圆柱体的内、外直径 d、D 和高 H

(1)用螺旋测微计测量空心圆柱体的外径 6 次，求其平均值 $\overline{D}$。

(2)用游标卡尺在不同位置测量空心圆柱体的内径 3 次，求其平均值 $\overline{d}$。

(3)用游标卡尺测圆柱体高度，在不同位置测量 3 次，求其平均值 $\overline{h}$。

(4)自己设计表格记录数据，计算出空心圆柱体的体积。

五、数据记录与处理

(1)自己设计表 4-1-1，记录小圆柱体的直径 d 和高 h。在测量前记下零点读数 d_0，并注意其正负性。

(2)自己设计表 4-1-2，记录空心圆柱体的内、外直径 D、d 和高 H。

(3)自己设计表 4-1-3，记录小圆柱体和球体的质量。

(4)计算小圆柱体和球体的密度的最佳值。

(5)计算小圆柱体和球体密度的不确定度。

(6)计算小圆柱体和球体密度不确定度的相对误差。

(7)给出小圆柱体和球体密度测量结果的表达式。

六、思考题

(1)分别用游标卡尺和螺旋测微计直接测量约 2 mm 长的铜线，各得几位有效数字？

(2)已知游标卡尺的分度值(精度值)为 0.01 mm，其主尺的最小分度的长度为 0.5 mm，试问游标的分度格数为多少(以 mm 作为单位)？

实验2　金属丝杨氏模量的测定

杨氏弹性模量简称杨氏模量，是表征固体材料在一定的受力范围内抵抗变形能力的一个重要物理量，它反映的是材料的形变与内部应力之间的关系，是衡量材料受力变形的重要参数，也是工程技术中机械构件选材时的重要依据。

测量杨氏模量的方法很多，本实验采用静态拉伸法，在测量金属丝的微小伸长量时使用光杠杆放大原理。

一、实验目的

(1)掌握用拉伸法测量金属丝杨氏模量的原理和方法。

(2)掌握用光杠杆法测量长度微小变化量的原理和方法。

(3)学会调节和使用标尺望远镜与光杠杆。

(4)学会用逐差法或作图法处理实验数据。

二、实验仪器和用具

杨氏模量仪、光杠杆、标尺、望远镜、1 kg的砝码6个、钢直尺、钢卷尺、螺旋测微计和游标卡尺。

三、实验原理

任何物体在外力的作用下都会发生形变，只是各自的表现形式不同。有的表现为弹性形变，有的表现为塑性形变。弹性形变是指在外力撤消以后，形变消失，物体能够恢复到原来的形状。塑性形变是指在外力撤消以后，物体不能恢复原状，仍留有一部分不能消失的形变。

对于固体材料，弹性形变又可分为四种：伸长和压缩形变、剪切形变、扭转形变、弯曲形变。本实验研究的是拉伸形变，具体地讲，是研究金属丝在沿长度方向受到拉力作用后的伸长形变。

取一长度为l、横截面积为S的均匀金属丝，沿其长度方向施加拉力F，这时金属丝就会伸长。设其伸长量为Δl，作用在金属丝单位面积上的正应力为F/S(正应力是指垂直作用于受力物体横截面方向上的应力)，金属丝的相对伸长量$\Delta l/l$称作线应变(线应变是描述物体单位长度上形变程度的物理量)。

在构成物体材料的弹性限度范围之内，由胡克定律可知应力与应变成正比，即

$$\frac{F}{S}=E\cdot\frac{\Delta l}{l} \tag{4-3}$$

式中，比例系数E就是杨氏模量，它是固体材料的固有性质，与固体材料外在的几何尺寸无关，只取决于材料自身的物理性质，它是表示固体材料力学性质的一个重要物理参数。

只要能够测量出外力F、金属丝的横截面积S、金属丝的长度l和金属丝的伸长量Δl，就可以根据式(4-3)的函数关系算出物体的杨氏模量E。我们知道物理量F，S和l都容易测量，问题的关键是如何测出Δl，因为金属丝在外力作用下的伸长量非常小，不易测量。本实验采用光杠杆放大法测量金属丝的微小长度变化Δl。

光杠杆的外形结构如图 4－1(a)所示，它由可绕轴转动的平面镜 M 固定在三足架上构成。三足尖的连线构成一等腰三角形，有的光杠杆两前足 a、b 是一薄刀片，后足尖 c 到两个前足尖连线 ab 的垂直距离为 k，即图 4－1(a)中的 cd 段。图中足尖 c 的前后位置可以根据需要调节，足尖 ab 的连线与镜面 M 的转轴平行。图 4－1(b)为光杠杆放大原理图，标尺和望远镜由一个与被测长度变化方向平行的标尺 L 和望远镜 T 组成，望远镜水平地对准镜面 M，设标尺到镜面 M 的距离为 D，这时镜面 M 要求处于铅垂方向，在望远镜中看到标尺上的初始读数 n_1 的标度线的像应与望远镜目镜中的水平叉丝重合。在长度变化 Δl 以后，c 足尖将随被测钢丝上的铁夹一起升降。镜面 M 则对应转过一个 θ 角，同样，镜面的法线也将转过一个 θ 角到 N′位置，在望远镜中将会看到与目镜叉丝水平线重合的读数 n_2，由平面镜的反射定律可知

$$\angle n_1 O n_2 = 2\theta$$

标尺的读数差

$$\Delta n = |n_2 - n_1|$$

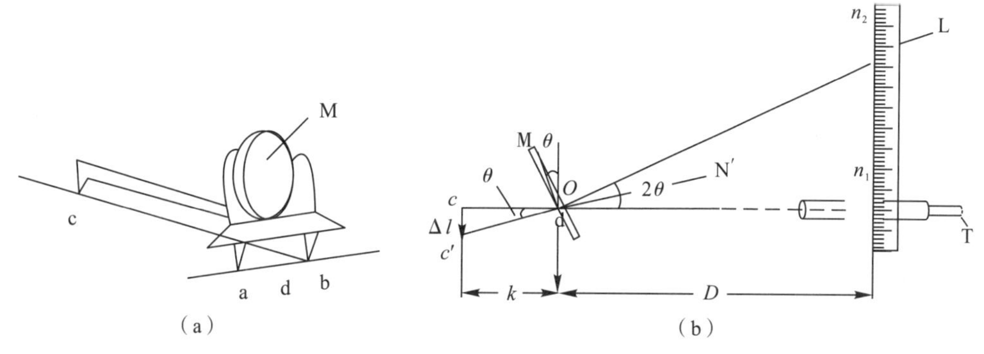

图 4－1　光杠杆原理放大图

由图 4－1(b)可知

$$\tan\theta = \frac{\Delta l}{k}$$

$$\tan 2\theta = \frac{\Delta n}{D}$$

当 θ 角很小时，有 $\tan\theta \approx \theta$，$\tan 2\theta \approx 2\theta$，而实际中 $\Delta l/k$ 和 $\Delta n/D$ 确实很小，所以有

$$2 \cdot \frac{\Delta l}{k} = \frac{\Delta n}{D}$$

即

$$\Delta l = \frac{k}{2D} \cdot \Delta n \tag{4-4}$$

由式(4－4)可知，钢丝长度的微小变化量 Δl 可以通过测量 k、D 和 Δn 这些易测量间接得出。光杠杆的作用就在于此，它将 Δl 放大为标尺上的相应读数差 Δn，Δl 被放大了 $2D/k$ 倍，由此知增加 D 值或减小 k 值在一定的范围内可以提高光杠杆的灵敏度，但 D 值的放大往往会受到望远镜放大倍数和场地的限制，减小 k 值对 k 值的测量准确度也能相应提高，所以光杠杆放大倍数的提高是有一定限度的。另外，光杠杆还可用来测量角度的微小偏转。

综合式(4－3)和(4－4)可得杨氏模量 E 的测量式

$$E = \frac{l}{S} \cdot \frac{2D}{k} \cdot \frac{F}{\Delta n} \tag{4-5}$$

四、实验装置

杨氏模量仪的外形结构如图 4-2 所示。杨氏模量仪下部的三个脚上装有调平螺钉，用来调节整个架子的铅垂状态。两个立柱上固定有横梁 A，横梁 A 的中间装有活动夹头 p′，用以固定钢丝的上端。平台 B 上有三道沟槽，用来放置光杠杆镜架的两个前足尖 a、b。平台上的圆孔中有活动夹头 p，用以夹紧钢丝的下端，它可以在圆孔中上、下移动，当钢丝受到拉力时，它就随钢丝的伸长向下移动。光杠杆的后足尖 c 就放在活动夹头 p 的上表面，在钢丝的最下端装有砝码钩 Q(带有托盘)，用来放置砝码。

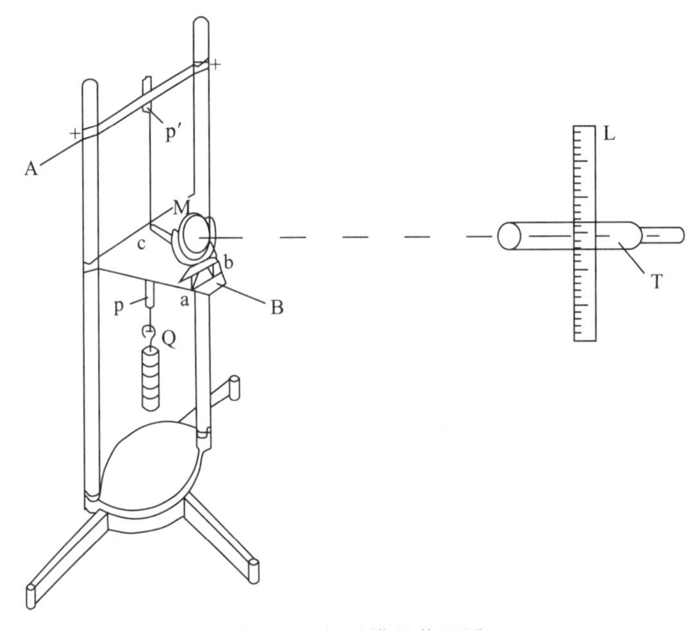

图 4-2　杨氏模量装置图

五、实验内容与步骤

(1)调节杨氏模量仪的三个脚螺钉，使杨氏模量仪处于铅垂方向，这时活动夹头 p 可以上、下无摩擦自由升降(这一步实验室一般都已调好)。

(2)检查夹头 p′，看其是否加紧钢丝；然后检查活动夹头 p，看其是否能在圆孔中自由地上、下滑动。

(3)在托盘上放 1 kg 的砝码预拉钢丝，使其处于铅垂方向。稳定砝码盘，然后将光杠杆镜架放在平台 B 上，将其后足尖 c 置于活动夹头 p 的上端面并靠近钢丝，前足尖 a、b 置于平台 B 的一条沟槽内。认真调整光杠杆的镜面 M，使镜面处在铅垂面内。

(4)在光杠杆镜面前方约 2 m 的地方放置标尺望远镜，预调望远镜使其镜筒水平而且使望远镜光轴与光杠杆镜面中心部位等高。然后微调望远镜倾角螺钉，使沿着镜筒上面的“v”形缺口与准星的连线望去可以在镜面中看到标尺的像。

(5)调节望远镜目镜，使其十字叉丝清晰。然后缓慢旋转望远镜调焦手轮，使望远镜的物镜在其镜筒内伸缩，直至能清晰地观察到标尺的像，且观察者眼睛上、下移动时标尺的像与叉丝无相对移动为止，这时望远镜已调好，记录十字叉丝的横丝所对准的读数 n'_1。

(6)逐一增加砝码，每增加一个砝码就记一次读数 $n'_i(i=1,2,\cdots,6)$。当记录到 n'_6时，再逐个减去砝码，每减去一个砝码记录一次相应的读数 n''_i。

(7)选择适当的量具测量有关物理量，原则是使各被测量的有效数字位数或相对误差基本接近。

①在测钢丝直径时，要在托盘上放有 1 kg 和 6 kg 砝码两种状态下分别测出钢丝上、中、下三个部位的直径，并取其平均值作为钢丝的直径。

②测量钢丝的原长 l(在托盘上挂有 1 kg 砝码时测量)，再测光杠杆镜面到望远镜标尺的距离 D。

③小心将光杠杆取下，置于一张纸上，稍用力压出足印后，测出后足尖 c 到两前足尖连线的垂直距离 k 的值。

六、数据处理

1. 数据记录表

增减砝码时对应的标尺读数记录于表 4－1，钢丝直径的数据记录于表 4－2。

表 4－1　增减砝码时对应的标尺读数

砝码个数	砝码质量/kg	标尺读数 n/cm				平均值 $(n'_1+n''_1)/2$	
		$F_{增}$		$F_{减}$			
1		n'_1		n''_1		n_1	
2		n'_2		n''_2		n_2	
3		n'_3		n''_3		n_3	
4		n'_4		n''_4		n_4	
5		n'_5		n''_5		n_5	
6		n'_6		n''_6		n_6	

表 4－2　钢丝直径的数据

钢丝直径 d/mm						测量误差		钢丝截面积 S/mm^2
1 个砝码		6 个砝码		平均值 $\bar{d}$		Δd	$\overline{\Delta d}$	
$d'_{上}$		$d''_{上}$		$d_{上}$				$S=\pi d^2/4$
$d'_{中}$		$d''_{中}$		$d_{中}$				
$d'_{下}$		$d''_{下}$		$d_{下}$				

$l=$________，$D=$________，$k=$________(单位：cm)

2. 用逐差法处理标尺读数

(1)$\Delta n_i=|n_{i+3}-n_i|(i=1,2,3)$；

(2)$\overline{\Delta n}=\frac{1}{3}\sum_{i=1}^{3}\Delta n_i(i=1,2,3)$；

(3)平均绝对偏差 $\overline{\Delta(\Delta n)}=\frac{1}{3}\sum_{i=1}^{3}|\Delta n_i-\overline{\Delta n}|,(i=1,2,3)$。

附:数据处理说明

本实验可以用两种求平均值的方法,分别为

(1)逐差法:为使差值 Δn 更大些,可按上式求出 Δn_1、Δn_2 和 Δn_3,这三个值都是拉力 ΔF 为 3×9.80 N 时相应的数据,然后再求其平均值 Δn 及平均绝对偏差 $\Delta(\Delta n)$。

(2)作图法:用表 4-1 的数据作 $F=f(n_i)$的图线,以 n_i 为横坐标轴,以 F 为纵坐标轴作图,再从图上求出 $\Delta F/\Delta n$。

(3)数据处理。

①由以上数据计算钢丝杨氏模量的平均值

$$\bar{E}=\frac{l}{S}\cdot\frac{2D}{k}\cdot\frac{\Delta F}{\Delta n}$$

式中,$\Delta F=3\times9.80$ N。

②计算各直接测得量 d、n_i、l、D、k 的相对误差,分析实验误差产生的原因(其中砝码自身产生的误差不计)。

③估算杨氏模量 E 的相对误差和绝对误差,写出含有误差的测量结果表达式

$$E=\overline{E}\pm\Delta E(\mathrm{N/mm^2})$$

七、注意事项

(1)不能用手触摸反射镜面和望远镜镜头,也不能太用力旋转望远镜的调焦手轮。

(2)光杠杆镜架要放置平稳,最好有护绳固定住镜架防止其摔倒。

(3)加砝码时要尽量轻放,避免产生冲击力,并且砝码的岔口要相互错开,防止砝码数量较多时掉下。

(4)调整望远镜高度时,切记要用一只手拖住望远镜移动部分,然后再松开锁紧螺旋,以免望远镜沿立柱迅速滑落与底座相撞,损坏望远镜。

八、思考题

(1)两根材料相同但粗细不同的金属丝,它们的杨氏模量相同吗?

(2)使用光杠杆测量微小长度的变化量有什么优点?如何提高它的灵敏度?

(3)作图时如果以应力为纵轴、应变为横轴能求出杨氏模量吗?这个图线可能会是什么形状?

实验 3　用三线摆测定物体的转动惯量

转动惯量是表示刚体转动惯性大小的物理量，是研究、设计、控制物体运动规律的重要参数。如钟表、摆轮、精密电表动圈的体型设计，枪炮的弹丸、电机的转子、机器零件、导弹和卫星的发射等，都不能忽视转动惯量的影响。因此，测定物体的转动惯量具有重要的意义。

刚体的转动惯量是刚体转动惯性大小的量度，它与刚体的质量、质量分布、形状和转轴的位置都有关系。对于几何形状简单、规则的均质刚体，测出其外形尺寸和质量，就可以计算其转动惯量。如果刚体是由几个分立部分组成的，那么刚体对转轴的总转动惯量 J 就等于各部分对同一转轴的转动惯量之和，即

$$J=J_1+J_2+J_3+\cdots$$

对于形状复杂、不规则的，或者质量分布不均匀的刚体，如一些机械零件、炮弹的弹体等，其转动惯量难以计算，通常采用实验的方法测定。为了便于与理论值进行比较，本次实验中的被测刚体均采用形状规则的刚体。

一、实验目的

(1)加深对转动惯量概念和平行轴定理的理解。

(2)了解用三线摆测转动惯量的原理和方法。

(3)掌握周期等量的测量方法。

二、实验仪器

三线摆及扭摆实验仪、水准仪、米尺、游标卡尺、物理天平及待测物体等。

三、实验原理

实验装置如图 4－3 所示。支架横梁上安装着可以转动的上圆盘(启动盘)，在上圆盘上有三个绕线旋钮通过三条悬线悬挂下圆盘。两个圆盘各有对称的三个线系点，皆构成等边三角形，它们的重心与两个圆盘的圆心重合。只要使三根摆线等长，即两个圆盘都水平放置，启摆后下圆盘即绕它的中心轴 OO' 往复摆动，同时下圆盘的质心就沿着中心轴升降。

为了不使下圆盘扭转时晃动，不要直接扭转下圆盘，而是使上圆盘转过一个小角度，由线的张力作用牵动圆盘做扭转运动。

参看图 4－4，分析其一边的运动，设悬线长为 L，上圆盘绳系点距圆心为 r，下圆盘绳系点距圆心为 R，下圆盘质量为 m。当下圆盘起摆后，离开平衡位置而转过某一角度 θ 时，绳系点 B 移到位置 B'，同时下圆盘升高 h。从上圆盘绳系点 C 作下圆盘垂线，与升高 h 前、后的下圆盘分别交于 A 和 A'。

在下圆盘扭转时，既有绕中心轴的转动，又有沿中心轴的升降运动，因此在任意时刻，其转动动能为$\frac{1}{2}m_0\left(\frac{\mathrm{d}h}{\mathrm{d}t}\right)^2$，重力势能为 m_0gh。若忽略摩擦力，则根据机械能守恒定律得

$$\frac{1}{2}J_0\left(\frac{\mathrm{d}\theta}{\mathrm{d}t}\right)^2+m_0gh=\text{常量} \tag{4-6}$$

式中，J_0 为下圆盘对其中心轴的转动惯量。

由图 4－4 知

$$h=AC-A'C=\frac{AC^2-A'C^2}{AC+A'C}$$

而在$\triangle ABC$ 中

$$AC^2=BC^2-AB^2=L^2-(R-r)^2$$

$$A'C^2=B'C^2-A'B'^2=L^2-(R^2+r^2-2Rr\cos\theta)$$

故
$$h=\frac{2Rr(1-\cos\theta)}{2H_0-h}=\frac{4Rr\sin^2\dfrac{\theta}{2}}{2H_0-h}$$

式中，H_0 为平衡时上、下圆盘间的垂直距离。

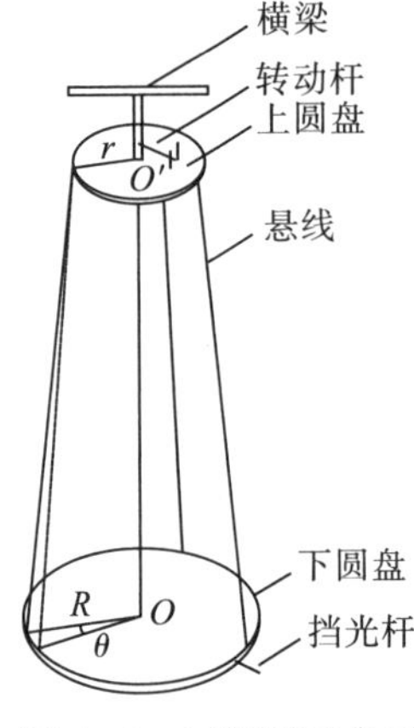

图 4－3　三线摆示意图

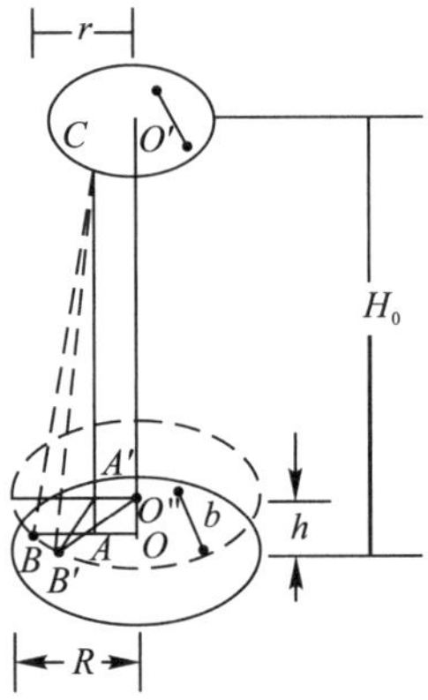

图 4－4　三线摆重心升高示意图

当 $\theta<5°$ 并且悬线较长时，$\sin\dfrac{\theta}{2}\approx\dfrac{\theta}{2}$，$2H_0-h\approx 2H_0$，则

$$h=\frac{Rr\theta^2}{2H_0} \tag{4-7}$$

将式(4－7)代入式(4－6)，并对 t 微分，得

$$J_0\frac{\mathrm{d}\theta}{\mathrm{d}t}\frac{\mathrm{d}^2\theta}{\mathrm{d}t^2}+m_0g\frac{Rr}{H_0}\theta\frac{\mathrm{d}\theta}{\mathrm{d}t}=0$$

即

$$\frac{\mathrm{d}^2\theta}{\mathrm{d}t^2}+\frac{m_0gRr}{J_0H_0}\theta=0 \tag{4-8}$$

这是圆频率 $\omega=\sqrt{\dfrac{m_0gRr}{J_0H_0}}$ 的角谐振动方程，因此下圆盘是依靠其转动动能和重力势能的交替转换而做周期性的简谐振动，其摆动周期为

$$T_0=\frac{2\pi}{\omega}=2\pi\sqrt{\frac{J_0H_0}{m_0gRr}}$$

故

$$J_0=\frac{m_0gRr}{4\pi^2H_0}T_0^2 \tag{4-9}$$

由式(4－9)可算出圆盘对其中心轴 OO' 的转动惯量。

若在下圆盘与转轴对称放置质量为 m 的待测物体并与圆盘组成一个系统，测得它的转动周期 T 和上、下圆盘间的垂直距离 H_0，则待测刚体和下圆盘对中心轴的总转动惯量为

$$J_1=\frac{(m_0+m)gRr}{4\pi^2 H_0}T^2 \tag{4-10}$$

待测物体绕中心轴的转动惯量 J、J_0 和 J_1 的关系为

$$J=J_1-J_0=\frac{gRr}{4\pi^2 H_0}\left[(m_0+m)T^2-m_0 T_0^2\right] \tag{4-11}$$

利用三线摆可以验证平行轴定理。平行轴定理指出：如果一刚体对通过其质心的某一转轴 B_1B_2 的转动惯量为 J_C，则此刚体对平行于该轴且相距为 d 的另一转轴 A_1A_2 的转动惯量 J_Z 为

$$J_Z=J_{A_1A_2}=J_{B_1B_2}+md^2=J_C+md^2 \tag{4-12}$$

式中，m 为待测物体的质量。

四、实验内容

1. 测量下圆盘对中心轴 OO' 的转动惯量

(1)调节三线摆。以任一根丝线对准指标作为衡量时的标记，然后将水准仪置于下圆盘任意两条悬线之间，调节上圆盘三个旋钮，改变三条悬线的长度，直至下圆盘水平。

(2)测量下圆盘的扭摆周期 T_0。轻轻拨动上圆盘的转动杆，使它绕 OO' 轴转动一个小角度，通过悬线带动下圆盘转动，转动角$<5°$。待转动平稳后(即只有转动没有晃动)，当某条悬线通过平衡点时，开始计时，测出 50 个周期的总时间，重复三次，求出 T_0。

2. DH4601A 三线摆和扭摆实验仪的操作方法

(1)打开电源，程序预置周期为 $T=30$(数显)，即挡光杆来回经过光电门的次数为 $T=2n+1$次。

(2)根据具体要求，若要设置 10 次，先按“置数”开锁，然后按下调(或上调)改变周期 T，再按“置数”锁定。此时，即可按执行键开始计时，信号灯不停闪烁即为计时状态，这时显示的是计数的次数。当物体经过光电门的周期数达到设定值，数显将显示具体时间，单位为“秒”。需再执行“10”周期时，无须重设置，只要按“返回”即可回到上次刚执行的周期数“10”，再按“执行”键，便可以第二次计时。(当断电后再开机时，程序从头预置 30 次周期，应重复上述步骤)。

3. 测量待测圆环对中心轴的转动惯量

(1)测量圆环与下圆盘组成的扭摆周期 T。把圆环放在下圆盘的中心位置，使圆环重心与下圆盘重心 O 重合(盘上刻有定位线)，按步骤 2 的方法和要求测出 T。

(2)记录圆盘和圆环上刻印的质量值 m_0、m，用米尺量出两个平行圆盘的距离 H。用游标卡尺分别测出上、下圆盘的半径 r、R。因为 r、R 很难直接测准，因此可通过测量绳系点间的距离 a 和 b 来确定，即

$$r=\frac{\sqrt{3}}{3}a,\quad R=\frac{\sqrt{3}}{3}b$$

(3)利用式(4－11)计算出圆环绕中心轴的转动惯量 J。

(4)用游标卡尺分别测圆环的内、外径 d、D，用理论公式计算出圆环绕中心轴的转动惯量 J' 为

$$J'=\frac{m}{8}(d^2+D^2)$$

(5)对以上结果进行比较，求相对不确定度。

4. 验证平行轴定理

(1)将两个质量和形状完全相同的圆柱体对称地放在半径为 X 的圆周上的两个孔上，按上述方法测得两圆柱体绕下圆盘中心轴的扭摆周期 T_X，进而求出它绕下圆盘中心轴的转动惯量 J_X。

(2)用游标卡尺测出两圆柱体中心间距离 $2x$，圆柱体直径 $\Phi=2r$。用理论公式 $C=\frac{1}{2}m_1r^2$ (m_1 为每根圆柱的质量)计算圆柱体绕中心轴的转动惯量 $J_x=J_X+m_1x^2$。将该计算结果与实验结果相比较，若相对误差在测量误差允许的范围内(≤5%)，则平行轴定理得到验证。

五、数据记录

将测量和计算的数据分别填在表 4-3、4-4 中。

表 4-3 测摆的周期

测量次数	摆动次数	下圆盘			盘与圆环系统			下圆盘		
		t_0/s	T_0/s	$\overline{T}_0$/s	t/s	T/s	$\overline{T}$/s	t_x/s	T_x/s	$\overline{T}_x$/s
1	50									
2	50									
3	50									

表 4-4 测其他相关量

两盘距离	上圆盘		下圆盘			圆环			小圆柱体		
H/m	a/m	r/m	m_0/kg	b/m	R/m	m_0/kg	d/m	D/m	m_1/kg	$2x$/m	Φ/m

六、注意事项

(1)测量前，根据水准泡的指示，先调整三线摆底座台面的水平，再调整三线摆下圆盘的水平。测量时，摆角 θ 尽可能小些，以满足小角度近似。防止三线摆和扭摆在摆动时发生晃动，以免影响测量结果。

(2)测量周期时应合理选取摆动次数。对三线摆，测得 R，r，m_0 和 H_0 后，由式(4-6)推出 J_0 的相对误差公式，使误差公式中的 $2\Delta T_0/T_0$ 项对 $\Delta J_0/J_0$ 的影响比其他误差项的影响小作为依据来确定摆动次数。估算时，Δm_0 取 0.02 g，时间测量误差 Δt 取 0.03 s，ΔR、Δr 和 ΔH_0 可根据实际情况确定。

七、思考题

(1)三线摆在摆动过程中要受到空气阻力作用，振幅会越来越小，它的周期是否会随时间而变？

(2)在三线摆下圆盘上加上待测物体后的摆动周期是否一定比不加时的周期大？试根据式(4-10)和式(4-11)分析说明。

实验 4　磁悬浮动力学实验

随着科技的发展，磁悬浮技术的应用成为热点，如磁悬浮列车等。永磁悬浮技术作为一种低能耗的磁悬浮技术，也受到了广泛的关注。本实验使用的永磁悬浮技术，是在磁悬导轨与滑块两组带状磁场的相互斥力作用下，使磁悬滑块浮起来，从而减少了运动的阻力，来进行多种力学实验。通过实验，学生可以接触到磁悬浮的物理思想和技术，拓宽知识面，加深牛顿定律等动力学方面的感性知识。

本实验仪器可以构成不同倾斜角的斜面，通过滑块的运动可以研究匀速直线运动的规律、匀变速直线运动的规律，减小加速度测量误差的方法，物体所受外力与加速度的关系（实验验证牛顿第二定律）等。

一、实验目的

（1）学习磁悬浮导轨的水平调整，熟悉磁悬导轨和智能速度、加速度测试仪的调整和使用；
（2）学习矢量的分解；
（3）学会用作图法处理实验数据，掌握匀变速直线运动的规律；
（4）测量重力加速度 g，并学会消减系统误差的方法；
（5）验证牛顿第二定律，探索物体运动时所受外力与加速度的关系；
（6）探索动摩擦力与速度的关系。

二、实验装置

1. 磁悬浮原理

（1）磁悬浮实验仪如图 4－5 所示。磁悬浮导轨实际上是一个槽轨，长约 1.2 m，在槽轨底部中心轴线嵌入钕铁硼磁钢，在其上方的滑块底部也嵌入磁钢，形成两组带状磁钢。由于两磁场的极性相反，上、下间就产生了相互的斥力，滑块处于非平衡状态。为使滑块能悬浮在导轨上运动，采用了槽轨。

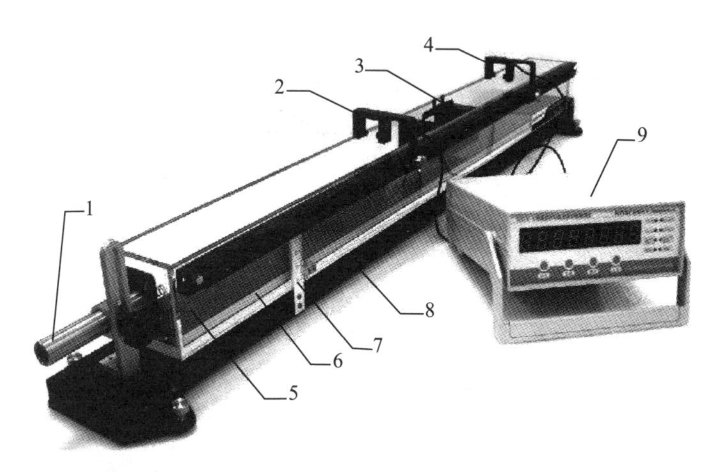

1—手柄；2—光电门Ⅰ；3—磁悬浮滑块；4—光电门Ⅱ；5—导轨；6—标尺；7—角度标尺；8—基板；9—计时器。

图 4－5　磁悬浮实验仪

在导轨的基板上安装了带有角度刻度的标尺。根据实验要求,可以把导轨设置成不同角度的斜面。

磁悬浮导轨的截面图如图 4-6 所示。

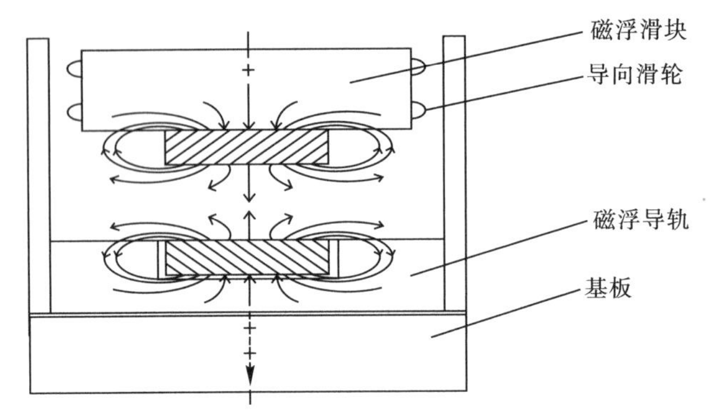

图 4-6　磁悬浮导轨横截面图

2. 仪器的使用方法

计时器按模式 0 功能进行操作。每条导轨配有两个滑块,用来研究运动规律。每个滑块上有两条挡光片,滑块在槽轨上运动时,挡光片对光电门进行挡光,每挡光一次,光电转换电路便产生一个电脉冲信号,去控制计时门的开和关(即计时的开始和停止),如图 4-7 所示。

导轨上有两个光电门,本光电测试仪测定并存储了运动滑块上的两条挡光片通过第一光电门的时间间隔 Δt_1 和通过第二个光电门的时间间隔 Δt_2,运动的滑块从第一光电门到第二光电门所经历的时间间隔为 t。根据两挡光片之间的距离参数 Δx,即可算出滑块上两挡光片通过第一光电门时的平均速度 v_1 和通过第二光电门时的平均速度 v_2,其值分别表示为

$$v_1=\frac{\Delta x}{\Delta t_1},v_2=\frac{\Delta x}{\Delta t_2} \tag{4-13}$$

调整导轨和基板之间成一夹角,则实验仪成一斜面,斜面倾斜角为 θ,其正弦值 $\sin\theta$ 为垫块高度 h 和导轨(标尺)对应点读数 L 的比值,磁浮滑块从斜面上端开始下落,则其重力在斜面方向的分量为 $G\sin\theta$。

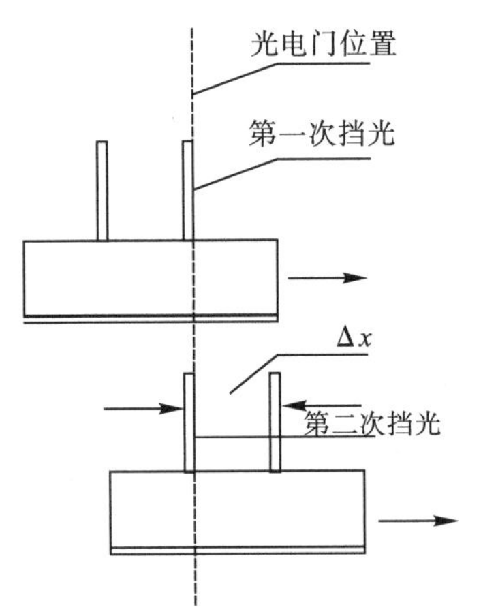

图4-7　物体通过光电门示意图

为使测得的平均速度更接近挡光片中心处通过时的瞬时速度，本仪器在时间处理上作如图4-8所示处理，从 v_1 增加到 v_2 所需的时间就修正为

$$\Delta t=\Delta t'-\frac{1}{2}\Delta t_1+\frac{1}{2}\Delta t_2 \tag{4-14}$$

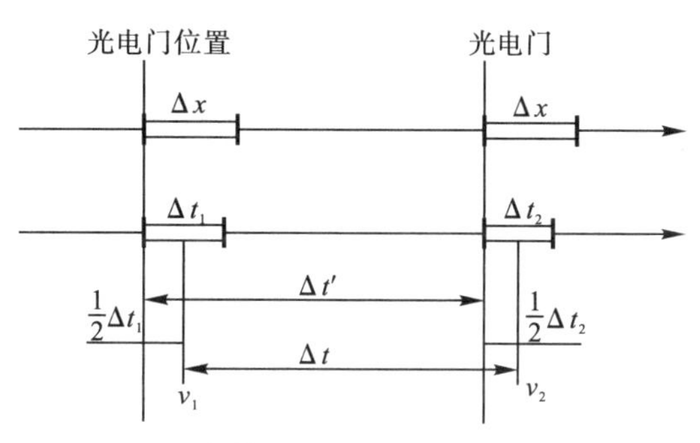

图4-8　物体通过光电门时间计算示意图

根据测得的 Δt_1、Δt_2、Δt 和键入的挡光片间隔值 Δx，经智能测试仪运算显示，得 v_1、v_2 和 a_0 的值。测试仪中显示的 t_1，t_2，t_3 对应上述的 Δt_1、Δt_2 和 Δt。

三、实验原理

1. 瞬时速度的测量

一个做直线运动的物体，在 Δt 时间内，物体经过的位移为 Δs，则该物体在 Δt 时间间隔内的平均速度为

$$\bar{v}=\frac{\Delta s}{\Delta t}$$

为了精确描述物体在某点的实际速度，应该把时间 Δt 取得越小越好。Δt 越小，所求得的平均速度就越接近实际速度。当 $\Delta t\to 0$ 时，平均速度就趋近于一个极限值，即

$$v=\lim_{\Delta t\to 0}\frac{\Delta s}{\Delta t}=\lim_{\Delta t\to 0}\bar{v} \tag{4-15}$$

v 为物体在该点的瞬时速度。

但是，在实验时直接用上式来测量某点的瞬时速度极其困难，因此，一般在一定的误差范围内，适当修正时间间隔(见图4-8)，可以用历时极短的 Δt 内的平均速度近似地代替瞬时速度。

2. 匀变速直线运动

如图4-9所示，沿光滑斜面下滑的物体，在忽略空气阻力的情况下，可视作匀变速直线运动。匀变速直线运动的速度公式、位移公式、速度和位移的关系分别为

$$v_t=v_0+at \tag{4-16}$$

$$s=v_0t+\frac{1}{2}at^2 \tag{4-17}$$

$$v_t^2=v_0^2+2as \tag{4-18}$$

如图4-10所示，在斜面上让物体每次从同一位置 P 处(置第一光电门)静止开始下滑，在不同位置 P_0、P_1、P_2……处(置第二光电门)，用智能速度、加速度测试仪测量 t_0、t_1、t_2……和

速度 $v_0, v_1, v_2, \cdots$。以 t 为横坐标，v 为纵坐标作 $v-t$ 曲线，如果曲线是一条斜直线，则证明该物体所做运动是匀变速直线运动，其曲线的斜率即为加速度 a，截距为 v_0。

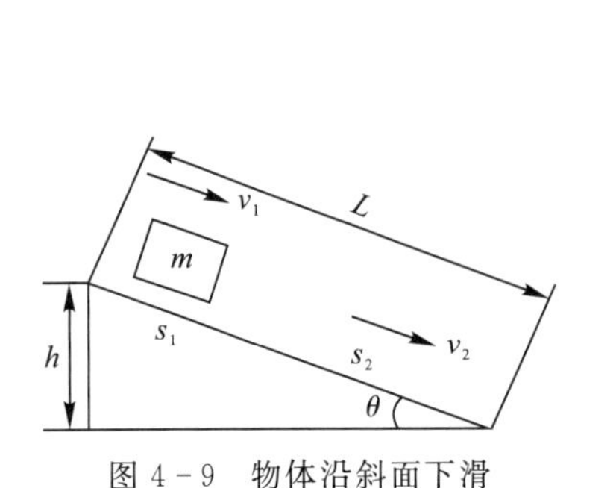

图 4-9　物体沿斜面下滑

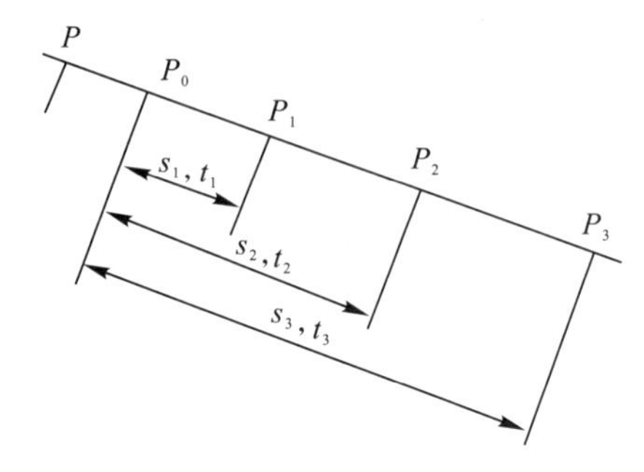

图 4-10　物体下滑距离

同样取 $s_i = P_i - P_0$，作($\frac{s}{t}-t$)图和(v^2-s)图，若为直线，则证明物体所作的是匀变速直线运动，两曲线斜率分别为$\frac{a}{2}$和 $2a$，截距分别为 v_0 和 v_0^2。

物体在磁悬浮导轨中运动时，摩擦力和磁场的不均匀性对小车可产生作用力，对运动物体有阻力作用，用 F_f 来表示，即 $F_f = ma_f$，其中 a_f 作为加速度的修正值。在实验时，把磁悬浮导轨设置成水平状态，将滑块放到导轨中，用手轻推一下滑块，让其以一定的初速度从左(在斜面状态时的高端)到右端运动，依次通过光电门Ⅰ和Ⅱ，测出加速度 a_f 的值。重复多次，用不同的力度推动一下滑块，测出其加速度值 a_f，比较每次的测量结果，查看有什么规律。平均测量结果为 a_f，得到滑块的阻力加速度的平均值 $\bar{a}_f$。

3. 考察动摩擦力的大小及其与外力 F 的关系

系统质量保持不变，改变系统所受的外力，考察动摩擦力的大小及其与 F 的关系。滑块在磁悬浮导轨中运动时，将其所受阻力用 F_f 表示。根据力学分析，滑块所受的力满足

$$ma = mg\sin\theta - F_f$$

则有

$$F_f = mg\sin\theta - ma \tag{4-19}$$

用已知重力加速度 $g = 9.80\ \text{m/s}^2$，小车的质量，通过测量不同轨道角度 θ 时的滑块加速度值 a，可以求得相应的动摩擦力的大小。

依据 F_f 与 F 的值作图，可以观察 F_f 与 F 的关系。

4. 重力加速度的测定及消减导轨中系统误差的方法

令 $F_f = ma_f$，则有

$$a = g\sin\theta - a_f \tag{4-20}$$

式中，a_f 作为与动摩擦力有关的加速度修正值。

$$a_1 = g\sin\theta_1 - a_{f1} \tag{4-21}$$

$$a_2 = g\sin\theta_2 - a_{f2} \tag{4-22}$$

$$a_3 = g\sin\theta_3 - a_{f3} \tag{4-23}$$

$$\vdots$$

根据前面得到的动摩擦力 F_f 与 F 的关系可知，在一定的小角度范围内，滑块所受到的动

摩擦力 F_f 近似相等，且 $F_f = mg\sin\theta$，即

$$a_{f1} \approx a_{f2} \approx a_{f3} \approx \cdots = \bar{a}_f = g\sin\theta$$

由式(4－21)、(4－22)、(4－23)可得

$$g = \frac{a_2 - a_1}{\sin\theta_2 - \sin\theta_1} = \frac{a_3 - a_2}{\sin\theta_3 - \sin\theta_2} = \cdots \qquad (4-24)$$

5. 考察加速度 a 与外力 F 的关系

系统的质量保持不变，改变系统所受外力，考察加速度 a 与外力 F 的关系，根据牛顿第二定律 $F=ma$，斜面上的重力分量 $F=G\sin\theta$，

故

$$a = kF \qquad (4-25)$$

如图4－9所示，设置不同角度 θ_1、θ_2、θ_3…的斜面，测出物体运动的加速度 a_1、a_2、a_3…，作 $a-F$ 拟合直线图，求出斜率 $k=\frac{1}{m}$，即可得 $m=\frac{1}{k}$。

四、实验内容

1. 检查磁悬浮导轨的水平度，检查测试仪的测试准备

把磁悬浮导轨设置成水平状态。水平度调整有两种方法：①把配置的水平仪放在磁浮导轨槽中，调整导轨一端的支撑脚，使导轨水平。②把滑块放到导轨上，滑块以一定的初速度从左到右运动，测出加速度值，然后反向运动，再次测出加速度值，若导轨水平，则左右运动减速情况相近，即测量的 a 值很相近。

检查导轨上的第一光电门和第二光电门是否与测试仪的光电门Ⅰ和光电门Ⅱ相连。开启电源，检查测试仪中数字显示的参数值是否与光电门挡光片的间距参数相符。若不等，则必须加以修正，修正方法参见本实验仪器说明书的附录，并检查“功能”是否置于“加速度”。

2. 匀变速运动规律的研究

调整导轨成如图4－10所示的斜面，倾斜角为 θ(不小于2°为宜)。将斜面上的滑块每次从同一位置 P 处由静止开始下滑，光电门Ⅰ置于 P_0 位置，光电门Ⅱ分别置于 P_1、P_2…处，用智能速度和加速度仪分别测量 Δt_0、Δt_1、Δt_2…和对应的速度 v_0、v_1、v_2…；并依次记录 P_0、P_1、P_2…的位置和速度 v_0、v_1、v_2…及由 P_0 到 P_i 的时间 t_i。

3. 重力加速度 g 的测量

两光电门之间的距离固定为 s，改变斜面倾角 θ，滑块每次由同一位置滑下，依次经过两个光电门，记录其加速度 a_i，由式(4－20)或(4－24)计算加速度 g，再跟当地的重力加速度 $g_{标}$ 进行比较，求其百分误差。

4. 系统质量保持不变，改变系统所受外力，考察加速度 a 和外力 F 的关系

称量滑块的标准质量 m_0，利用上一内容的实验数据，计算不同倾角时，系统所受外力 $F=m_0 g\sin\theta$，再根据式(4－23)作 $a-F$ 拟合直线图，求出斜率 k，即可求得质量 $m=1/k$。比较 m 和 m_0 值，求其百分误差。

五、注意事项

(1)称量磁浮滑块的质量时，请用非铁磁材料放于滑块下方，防止磁铁与电子天平相互作

用，影响称量准确性。

(2)实验完毕后，磁浮滑块不可长时间放在导轨上，防止滑轮被磁化。

六、数据处理

匀变速直线运动的研究数据记录在表4-5中。

表4-5　匀变速直线运动的研究数据记录表

i	P_i	$S_i=P_i-P_0$	Δt_0	v_0	Δt_i	v_i	t_i
1							
2							
3							
4							
5							
6							

相关数据：$P_0=$________，$\Delta x=$________，$\theta=$________。

分别作出 $v-t$ 曲线和($\frac{s}{t}-t$)曲线，如果所得均为直线，则表明滑块做匀变速直线运动，由直线斜率与截距求出 a 与 v_0，将 v_0 与上列数据表中算出来的平均值 $\bar{v}_0$ 比较，再加以分析和讨论。

重力加速度 g 的测量数据记录在表4-6中。

表4-6　数据记录表格

i	θ_i	a_i	$\sin\theta_i$	g_i
1				
2				
3				
4				
5				

相关数据：$\Delta x=$________，$\Delta s=s_2-s_1=$________，$a_f=$________。

(1)根据 $g_i=\frac{a_i-a_f}{\sin\theta}$，分别算出每个倾斜角度下的重力加速度 g_i 的值；

(2)计算测得的重力加速度的平均值 $\bar{g}$，与本地区公布的 $g_{标}$ 值相比较，求出

$$E_g=\frac{|\bar{g}-g_{标}|}{g_{标}}\times 100\%$$

(3)系统的质量保持不变，改变系统所受的外力，考察加速度 a 和外力 F 的关系，利用前面内容的数据，完成数据记录表4-7。

表 4-7　数据记录表

i	θ_i	$\sin\theta_i$	$F_i=m_0 g\sin\theta_i$	a_i
1				
2				
3				
4				
5				

相关数据：$\Delta x=$________；$\Delta s=s_2-s_1=$________；$m_0=$________。

作$(a-F)$拟合直线图，求出斜率 k，$m=\dfrac{1}{k}$，与 m_0 相比较，求出质量的相对误差

$$E_m=\frac{|m-m_0|}{m_0}\times 100\%$$

七、思考题

本实验的误差来源有哪些？如何减小这些误差？

实验 5　冷却法测量金属的比热容

根据牛顿冷却定律用冷却法测定金属或液体的比热容是热学中常用的方法之一。若已知标准样品在不同温度下的比热容，通过作冷却曲线可测得各种金属在不同温度时的比热容。本实验以铜为标准样品，测定铁、铝样品在 100 ℃时的比热容。通过实验了解金属的冷却速率和它与环境之间温差的关系，以及进行测量的实验条件。热电偶数字显示测温技术是当前生产实际中常用的测试方法，它比一般的温度计测温方法有着测量范围广、计值精度高、可以自动补偿热电偶的非线性因素等优点，而且它的电量数字化还可以对工业生产自动化中的温度量直接起监控作用。

一、实验目的

(1)了解根据牛顿冷却定律用冷却法测定金属比热容的方法。

(2)了解金属的冷却速率及其与环境之间温差的关系，以及进行测量的实验条件。

(3)了解热电偶数字显示测温技术。

二、实验仪器

本实验装置由加热仪和测试仪组成。加热仪的加热装置可通过调节手轮自由升降。被测样品安放在有较大容量的防风圆筒的底座上，测温热电偶放置在被测样品内的小孔中。当加热装置向下移动到底后，对被测样品进行加热；样品需要降温时则将加热装置上移。仪器内设有自动控制限温装置，防止因长期不切断加热电源而引起温度不断升高。

测量试样温度采用常用的铜-康铜做成的热电偶(其热电势约为 0.042 mV/℃)，测量扁叉接到测试仪的“输入”端。热电势差的二次仪表由高灵敏度、高精度、低漂移的放大器和满量程

为 20 mV 的三位半数字电压表组成。实验仪内部装有冰点补偿器，数字电压表显示的 mV 数可直接查表换算成对应待测温度值，如图 4－11 所示。

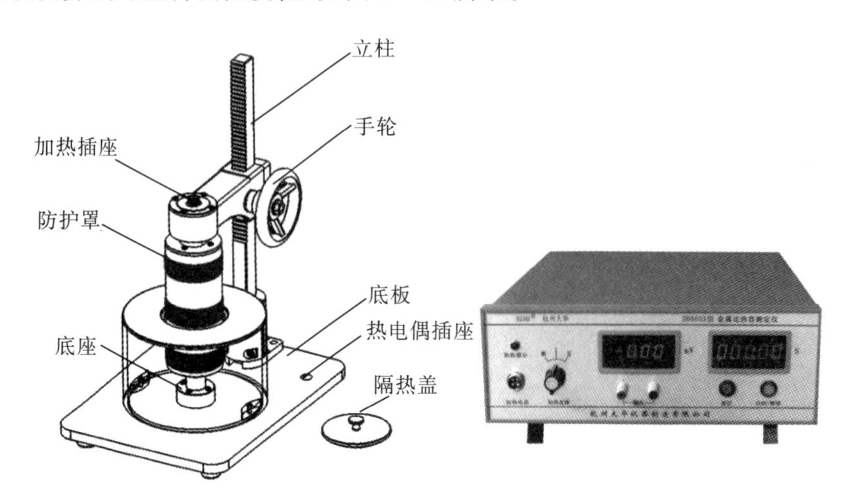

图 4－11　DH4603 型冷却法金属比热容测量仪

三、实验原理

单位质量的物质，其温度升高 1 K（或 1 ℃）所吸收的热量称为该物质的比热容，其值随环境温度而变化。将质量为 M_1 的金属样品加热后，放到较低温度的介质（例如室温的空气）中，样品将会逐渐冷却。其单位时间的热量损失 $\Delta Q/\Delta t$ 与温度下降的速率成正比，于是得到下述关系式

$$\frac{\Delta Q}{\Delta t}=c_1 M_1\left(\frac{\Delta T_1}{\Delta t}\right)_1 \tag{4-26}$$

式中，c_1 为该金属样品在温度 T_1 时的比热容；$\left(\frac{\Delta T_1}{\Delta t}\right)_1$ 为金属样品在 T_1 时的温度下降速率，根据冷却定律有

$$\frac{\Delta Q}{\Delta t}=\alpha_1 S_1 (T_1-T_0)^m \tag{4-27}$$

式中，α_1 为热交换系数；S_1 为该样品外表面的面积；m 为常数；T_1 为金属样品的温度；T_0 为周围介质的温度。由式（4－26）和（4－27），可得

$$c_1 M_1\left(\frac{\Delta T_1}{\Delta t}\right)_1=\alpha_1 S_1 (T_1-T_0)^m \tag{4-28}$$

同理，对质量为 M_2，比热容为 c_2 的另一种金属样品，可有同样的表达式

$$c_2 M_2\left(\frac{\Delta T_2}{\Delta t}\right)_2=\alpha_2 S_2 (T_2-T_0)^m \tag{4-29}$$

由式（4－28）和（4－29），可得

$$\frac{c_2 M_2\left(\frac{\Delta T_2}{\Delta t}\right)_2}{c_1 M_1\left(\frac{\Delta T_1}{\Delta t}\right)_1}=\frac{\alpha_2 S_2 (T_2-T_0)^m}{\alpha_1 S_1 (T_1-T_0)^m}$$

所以

$$c_2=c_1\frac{M_1\left(\frac{\Delta T_1}{\Delta t}\right)_1}{M_2\left(\frac{\Delta T_2}{\Delta t}\right)_2}\cdot\frac{\alpha_2 S_2\ (T_2-T_0)^m}{\alpha_1 S_1\ (T_1-T_0)^m}$$

假设两样品的形状、尺寸都相同(例如细小的圆柱体),即 $S_1=S_2$;两样品的表面状况也相同(如涂层、色泽等),周围介质(空气)的性质也不变,则有 $\alpha_1=\alpha_2$。于是当周围介质温度不变(即室温 T_0 恒定),两样品又处于相同温度 $T_1=T_2=T$ 时,上式可以简化为

$$c_2=c_1\frac{M_1\left(\frac{\Delta T}{\Delta t}\right)_1}{M_2\left(\frac{\Delta T}{\Delta t}\right)_2}\tag{4-30}$$

如果已知标准金属样品的比热容 c_1、质量 M_1、待测样品的质量 M_2 以及两样品在温度 T 时冷却速率之比,就可以求出待测的金属材料的比热容 c_2。几种金属材料的比热容见表 4-8。

表 4-8　几种金属材料在 100 ℃时的比热容

(单位:J/g℃)

c_{Fe}	c_{Al}	c_{Cu}
0.459	0.961	0.393

四、实验内容与步骤

开机前先连接好加热仪和测试仪,共有加热四芯线和热电偶线两组线。

(1)选取长度、直径、表面光洁度尽可能相同的三种金属样品(铜、铁、铝),用物理天平或电子天平称出它们的质量 M_0,再根据 $M_{Cu}>M_{Fe}>M_{Al}$ 这一特点,把它们区别开。

(2)使热电偶端的铜导线(即红色接插片)与数字表的正端相连;康铜导线(即黑色接插片)与数字表的负端相连。当样品加热到 150 ℃(此时热电势显示约为 6.7 mV)时,切断电源,移去加热源,样品继续安放在与外界基本隔绝的有机玻璃圆筒内自然冷却(筒口须盖上盖子),记录样品的冷却速率 $\left(\frac{\Delta T}{\Delta t}\right)_{T=100\ ℃}$。具体做法是记录数字电压表上示值从 $E_1=4.36$ mV 降到 $E_2=4.20$ mV 所需的时间 Δt(因为数字电压表上的显示数字是跳跃性的,所以 E_1、E_2 只能取附近的值),从而计算 $\left(\frac{\Delta E}{\Delta t}\right)_{E=4.28\ mV}$。按铁、铜、铝的次序分别测量其温度下降速度,每一样品应重复测量 6 次。因为热电偶的热电动势与温度的关系在同一小温差范围内可以看成线性关系,即 $\frac{\left(\frac{\Delta T}{\Delta t}\right)_1}{\left(\frac{\Delta T}{\Delta t}\right)_2}=\frac{\left(\frac{\Delta E}{\Delta t}\right)_1}{\left(\frac{\Delta E}{\Delta t}\right)_2}$,所以式(4-30)可以简化为

$$c_2=c_1\frac{M_1(\Delta t)_2}{M_2(\Delta t)_1}$$

(3)仪器的加热指示灯亮,表示正在加热;如果连接线未连好或加热温度过高(超过 200 ℃)导致自动保护时,则指示灯不亮。升到指定温度后,应切断加热电源。

(4)注意:测量降温时间时,按“计时”或“暂停”按钮应迅速、准确,以减小人为计时误差。

(5)加热装置向下移动时,动作要慢,应注意要使被测样品垂直放置,以使加热装置能完全套入被测样品。

五、数据处理与分析

样品质量:$M_{Cu}=$ g; $M_{Fe}=$ g; $M_{Al}=$ g。

热电偶冷端温度: ℃

样品热电势由 4.36 mV 下降到 4.20 mV 所需时间(单位为 s)填入表 4-9 中。

表 4-9 数据记录表

样品	次数						平均值 Δt/s
	1	2	3	4	5	6	
Fe							
Cu							
Al							

以铜为标准:$c_1=c_{Cu}=0.393$ J/(g·℃)

铁:$c_2=c_1\dfrac{M_1(\Delta t)_2}{M_2(\Delta t)_1}=$ cal/(g·℃)

铝:$c_3=c_1\dfrac{M_1(\Delta t)_3}{M_3(\Delta t)_1}=$ cal/(g·℃)

下面以一组实测的数据来举例证明数据的处理和分析。

样品质量:$M_{Cu}=9.549$ g; $M_{Fe}=8.53$ g; $M_{Al}=3.03$ g。

样品热电势由 4.36 mV 下降到 4.20 mV 所需时间(单位为 s)见表 4-10。

表 4-10 数据示例表

样品	次数						平均值 Δt/s
	1	2	3	4	5	6	
Cu	17.33	17.70	17.42	17.76	17.57	17.56	
Fe	19.40	19.54	19.52	19.35	19.44	19.45	
Al	13.89	13.82	13.82	13.83	13.80	13.83	

以铜为标准:$c_1=c_{Cu}=0.393$ J/(g·℃)

铁:$c_2=c_1\dfrac{M_1(\Delta t)_2}{M_2(\Delta t)_1}=0.393\ \text{J/(g·℃)}\times\dfrac{9.54\ \text{g}}{8.53\ \text{g}}\times\dfrac{19.45\ \text{s}}{17.56\ \text{s}}=0.489\ \text{J/(g·℃)}$

铝:$c_3=c_1\dfrac{M_1(\Delta t)_3}{M_3(\Delta t)_1}=0.393\ \text{J/(g·℃)}\times\dfrac{9.54\ \text{g}}{3.03\ \text{g}}\times\dfrac{13.83\ \text{s}}{17.56\ \text{s}}=0.975\ \text{J/(g·℃)}$

* 以上数据仅供参考。

附录1

铜-康铜热电偶分度表

温度/℃	热电势/mV									
	0	1	2	3	4	5	6	7	8	9
-10	-0.383	-0.421	-0.458	-0.496	-0.534	-0.571	-0.608	-0.646	-0.683	-0.720
-0	0.000	-0.039	-0.077	-0.116	-0.154	-0.193	-0.231	-0.269	-0.307	-0.345
0	0.000	0.039	0.078	0.117	0.156	0.195	0.234	0.273	0.312	0.351
10	0.391	0.430	0.470	0.510	0.549	0.589	0.629	0.669	0.709	0.749
20	0.789	0.830	0.870	0.911	0.951	0.992	1.032	1.073	1.114	1.155
30	1.196	1.237	1.279	1.320	1.361	1.403	1.444	1.486	1.528	1.569
40	1.611	1.653	1.695	1.738	1.780	1.882	1.865	1.907	1.950	1.992
50	2.035	2.078	2.121	2.164	2.207	2.250	2.294	2.337	2.380	2.424
60	2.467	2.511	2.555	2.599	2.643	2.687	2.731	2.775	2.819	2.864
70	2.908	2.953	2.997	3.042	3.087	3.131	3.176	3.221	3.266	3.312
80	3.357	3.402	3.447	3.493	3.538	3.584	3.630	3.676	3.721	3.767
90	3.813	3.859	3.906	3.952	3.998	4.044	4.091	4.137	4.184	4.231
100	4.277	4.324	4.371	4.418	4.465	4.512	4.559	4. 607	4.654	4.701
110	4.749	4.796	4.844	4.891	4.939	4.987	5.035	5.083	5.131	5.179
120	5.227	5.275	5.324	5.372	5.420	5.469	5.517	5.566	5.615	5.663
130	5.712	5.761	5.810	5.859	5.908	5.957	6.007	6.056	6.105	6.155
140	6.204	6.254	6.303	6.353	6.403	6.452	6.502	6.552	6.602	6.652
150	6.702	6.753	6.803	6.853	6.903	6.954	7.004	7.055	7.106	7.156
160	7.207	7.258	7.309	7.360	7.411	7.462	7.513	7.564	7.615	7.666
170	7.718	7.769	7.821	7.872	7.924	7.975	8.027	8.079	8.131	8.183
180	8.235	8.287	8.339	8.391	8.443	8.495	8.548	8.600	8.652	8.705
190	8.757	8.810	8.863	8.915	8.968	9.024	9.074	9.127	9.180	9.233
200	9.286	—	—	—	—	—	—	—	—	—

注意:不同的热电偶的输出会有一定的偏差,以上表格的数据仅供参考。

六、思考题

(1)为什么实验应该在防风筒(即样品室)中进行?

(2)测量三种金属的冷却速率,并在图纸上绘出冷却曲线。如何求出它们在同一温度的冷却速率?

实验 6　导热系数的测量

导热系数(热导率)是表示材料导热性能的物理量,它不仅是评价材料的重要依据,而且是应用材料时的一个设计参数。导热是热交换的三种(传导、对流、辐射)基本形式之一,导热系数是工程热物理、材料科学、固体物理、能源、环保等各个领域研究的课题之一。要认识导热的本质和特征,需要了解粒子物理,而目前对导热机理的理解大多数来自固体物理的实验。材料的导热机理在很大程度上取决于它的微观结构,热量的传递依靠原子、分子围绕平衡位置的振动以及自由电子的迁移,在金属中电子流起支配性作用,在绝缘体和大部分半导体中则以晶格的振动起主导作用。因此,材料的导热系数不仅与构成材料的物质种类密切相关,而且与它的微观结构、温度、压力及杂质的含量有关。在科学实验和工程设计中所用材料的导热系数都需要用实验的方法测定。

1882 年法国科学家傅立叶奠定了热传导理论,目前各种测量导热系数的方法都是建立在傅立叶热传导定律基础之上的,从测量方法上区分,可分为稳态法和动态法。本实验采用稳态平板法测量材料的导热系数。

一、实验目的

(1)了解热传导现象的物理过程。

(2)学习用稳态平板法测量材料的导热系数。

(3)学会用作图法求冷却速率。

(4)掌握一种用热电转换的方式进行温度测量的方法。

二、实验仪器

(1)YBF－3 导热系数测试仪一台;

(2)冰点补偿装置一台;

(3)测试样品(硬铝、硅橡胶、胶木板)一组;

(4)塞尺、游标卡尺、天平。

三、实验原理

为了测定材料的导热系数,首先从热导率的定义和它的物理意义入手。热传导定律指出:如果热量是沿着 Z 轴方向传导,在 Z 轴上任一位置 Z_0 处取一个垂直截面,面积为 dS,如图4－12所示,如果以 $\frac{dT}{dz}$ 表示在 Z_0 处的温度梯度,以 $\frac{dQ}{dt}$ 表示在该处的传热速率(单位时间内通过截面积 dS 的热量),那么热传导定律可以表示成

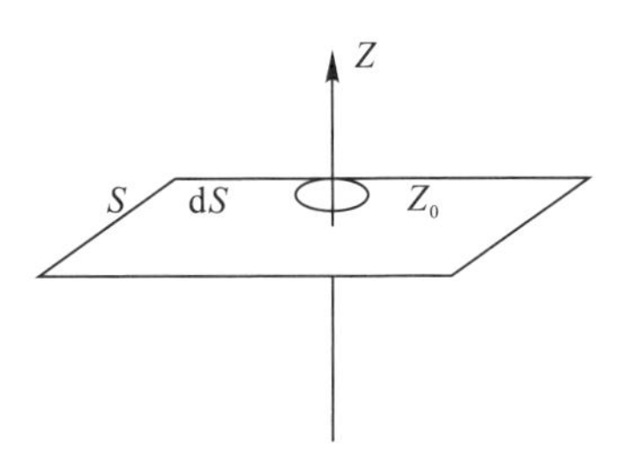

图 4－12　热沿梯度方向传导

$$dQ=-\lambda\left(\frac{dT}{dz}\right)_{Z_0}dS\cdot dt \tag{4-31}$$

式中,负号表示热量从高温区向低温区传导(即热传导的方向与温度梯度方向相反);比例系数

λ 即为导热系数。可见导热系数的物理意义是：在温度梯度为一个单位的情况下，单位时间内垂直通过单位截面面积的热量。

利用式(4-31)测量材料的导热系数 λ 需要解决两个关键问题：一是在材料内造成一个温度梯度 $\frac{dT}{dz}$，并确定其数值；二是测量材料内由高温区向低温区的传热速率 $\frac{dQ}{dt}$。

1. 关于温度梯度 $\frac{dT}{dz}$

为了在样品内造成一个温度的梯度分布，可以把样品加工成平板状，并把它夹在两块热的良导体(铜板)之间。如图 4-13 所示，使两块铜板分别保持恒定的温度 T_1 和 T_2，就可以在垂直于样品表面的方向上形成温度的梯度分布。样品的厚度可以做成 $h<D$(样品直径)。这样，由于样品侧面面积比平板面积小得多，由侧面散去的热量就可以忽略不计，可以认为热量是沿着垂直于样品平面的方向传导的，即只在此方向上有温度梯度。由于铜是热的良导体，在达到平衡时，可以认为同一铜板各处的温度相同，样品内同一平行平面上各处的温度也相同。这样只要测出样品的厚度 h 和两块铜板内的温度 T_1 和 T_2，就可以确定样品内的温度梯度 $\frac{T_1-T_2}{h}$。当然，这样近似处理需要的条件是铜板与样品表面紧密接触(无缝隙)，否则中间的空气层将产生热阻，使得温度梯度测量不准确。

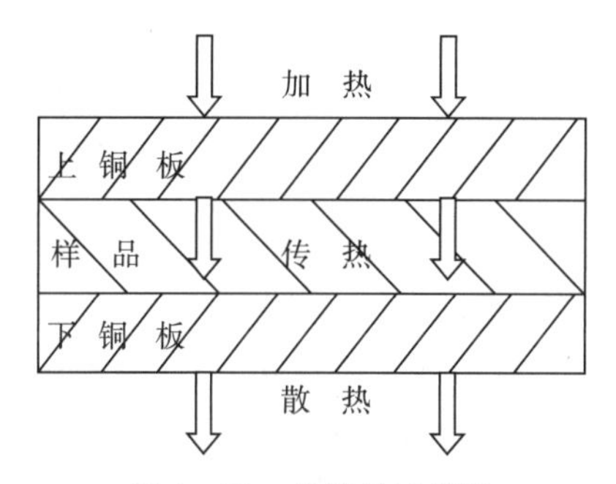

图 4-13　热传导示意图

为了保证样品中温度场的分布具有良好的对称性，把样品及两块铜板都加工成等大的矮圆柱形。

2. 关于传热速率 $\frac{dQ}{dt}$

单位时间内通过某一截面的热量 $\frac{dQ}{dt}$ 是一个无法直接测定的量，我们设法将这个量转化为较为容易测量的量。为了维持一个恒定的温度梯度分布，必须不断地给高温侧的铜板加热，热量通过样品传到低温侧的铜板，低温侧的铜板则要将热量不断地向周围环境散出。当加热速率、传热速率与散热速率相等时，系统就达到一个动态平衡状态，称之为稳态。此时低温侧铜板的散热速率就是样品内的传热速率，只要测量低温侧铜板在稳态温度 T_2 下散热的速率，就间接测量出了样品内的传热速率。但是，铜板的散热速率不易测量，还需要进一步做参量转换。我们已经知道，铜板的散热速率与其冷却速率(温度变化率 $\frac{dT}{dt}$)有关，其表达式为

$$\left.\frac{dQ}{dt}\right|_{T_2}=-mc\left.\frac{dT}{dt}\right|_{T_2} \tag{4-32}$$

式中,m 为铜板的质量;c 为铜板的比热容,负号表示热量向低温方向传递。因为质量 m 容易测量,c 为常量,这样对铜板的散热速率的测量又转化为对低温侧铜板冷却速率的测量。铜板的冷却速率可以这样测量:在达到稳态后,移去样品,直接对下侧铜板加热,使其温度高于稳定温度 T_2(大约高出 10 ℃左右),再让其在实验环境下自然冷却,直到温度低于 T_2,测出温度从高于 T_2 到低于 T_2 区间中随时间的变化关系,描绘出 $T-t$ 曲线,曲线在 T_2 处的斜率就是铜板在稳态温度 T_2 下的冷却速率。

应该注意的是,这样得到的$\frac{dT}{dt}$是在铜板全部表面暴露在空气中的冷却速率,其散热面积为 $2\pi R_P^2+2\pi R_P h_P$(其中 R_P 和 h_P 分别是下铜板的半径和厚度)。然而在实验中稳态传热时,铜板的上表面(面积为 πR_P^2)是被高温介质覆盖着的,由于物体的散热速率与它们的面积成正比,所以在稳态传热时,铜板散热速率的表达式应该修正为

$$\frac{dQ}{dt}=-mc\frac{dT}{dt}\cdot\frac{\pi R_P{}^2+2\pi R_P h_P}{2\pi R_P{}^2+2\pi R_P h_P} \tag{4-33}$$

根据前面的分析,这个量就是样品的传热速率。

将上式代入热传导定律表达式,并考虑到 $dS=\pi R^2$,可以得到导热系数

$$\lambda=-mc\cdot\frac{2h_P+R_P}{2h_P+2R_P}\cdot\frac{1}{\pi R^2}\cdot\frac{h}{T_1-T_2}\cdot\left.\frac{dT}{dt}\right|_{T=T_2} \tag{4-34}$$

式中,R 为样品的半径;h 为样品的高度;m 为下铜板的质量;c 为铜板的比热容;R_P 和 h_P 分别为下铜板的半径和厚度。

四、实验内容与步骤

(1)用自定量具测量样品和下铜板的几何尺寸、质量等必要的物理量,多次测量,然后取其平均值,其中铜板的比热容 $c=0.393$ J/(g·℃)。

(2)圆筒发热盘侧面和散热盘 P 侧面都有供安插热电偶的小孔,安放时这两个小孔都应与冰点补偿器在同一侧,以免线路错乱。热电偶插入小孔时,要抹上些硅脂,并插到洞孔底部,保证接触良好,热电偶冷端接到冰点补偿器信号输入端。热电偶 1 插入上铜板小孔,热电偶 2 插入下铜板小孔。

(3)加热温度的设定。

①按一下温控器面板上的设定键 S,此时设定值(SV)后一位的数码管开始闪烁。

②根据实验所需温度,再按设定键 S,左右移动到所需设定的位置,然后通过加数键(▲)、减数键(▼)来设定所需的加热温度。实验设定温度 100 ℃,设定好加热温度后,等待 8 s 后返回至正常显示状态。

(4)根据稳态法的原理,必须得到稳定的温度分布,这就需要较长的时间等待。

手动控温测量导热系数时,控制方式开关打到"手动"。将手动选择开关打到"高"挡,根据目标温度的高低,加热一定时间后再打到"低"挡。根据温度的变化情况要手动去控制"高"挡或"低"挡加热。然后,每隔 5 min 读一下温度示值(具体时间因被测物和温度而异)。如果在一段时间内样品上、下表面温度 T_1 和 T_2 的示值都不变,即可认为系统已经达到稳定状态。

自动 PID 控温测量时,控制方式开关打到"自动",手动选择开关打到中间一挡,PID 控温

表将会使发热盘的温度自动达到设定值。每隔 5 min 读一下温度示值，如在一段时间内样品上、下表面温度 T_1、T_2 示值都不变，即可认为已达到稳定状态。

(5)记录稳态时 T_1、T_2 的值后，移去样品，继续对下铜板加热，当下铜盘温度比 T_2 高出 10 ℃左右时，移去圆筒，让下铜盘所有表面均暴露于空气中，使下铜板自然冷却。每隔 30 s 读一次下铜盘的温度示值并记录，直至温度下降到 T_2 以下一定值。作铜板的 $T-t$ 冷却速率曲线(选取邻近的 T_2 测量数据来求出冷却速率)。

(6)记录下铜盘的质量 m=______ g，半径 R=______ mm、厚度 h=______ mm，橡胶圆盘的半径 R 与下铜盘的半径相等，用游标卡尺多次测量橡胶盘厚度 h 然后取平均值。

(7)根据式(4-34)计算样品的导热系数 λ。

本实验选用铜-康铜热电偶测温度，温差 100 ℃时，其温差电动势约 4.0 mV，故应配用量程 0～20 mV，并能读到 0.01 mV 的数字电压表(数字电压表前端采用自稳零放大器，故无须调零)。由于热电偶冷端温度为 0 ℃，对一定材料的热电偶而言，当温度变化范围不大时，其温差电动势与待测温度的比值是一个常数。由此，在用式(4-34)计算时，可以直接以电动势值代表温度值。

五、数据记录及处理

将所需的测量数据分别记录于表 4-11、4-12，4-13 中。

表 4-11　每隔 2 min 读取的样品上、下表面的温差电动势

t/min	0	2	4	6	8	10	12	14	16	18
V_{T_1}/mV										
V_{T_2}/mV										

表 4-12　测量下铜板在稳态值 V_{T_2} 附近的散热速率时，每隔 30 s 记录的温差电动势

T/s	0	30	60	90	120	150	180	210	240
V_{T_2}/mV									

表 4-13　下铜板及样品的自身几何参数与各自的质量测量值

测量次数	下铜板 P			样品	
	直径 $2R_P$/cm	厚度 h_P/cm	质量 m/g	直径 $2R$/cm	厚度 h/cm
1					
2					
3					
4					
5					
平均值					

按式(4-34)计算样品的导热系数 λ 的值，并用绝对误差表示测量结果。

六、实验注意事项

(1)稳态法测量时，要使温度稳定大约需要 40 min。手动测量时，为缩短时间，可先将热板电源电压打在高挡，一定时间后，毫伏表读数接近目标温度对应的热电偶读数，即可将开关拨至低挡，通过调节手动开关的高、低挡及断电挡，使上铜盘的热电偶输出的毫伏值在±0.03 mV 范围内。同时每隔 30 s 记录上、下圆盘 A 和 P 对应的毫伏读数，待下圆盘的毫伏读数在 3 min 内不变即可认为已达到稳定状态，记下此时的 V_{T_1} 和 V_{T_2} 值。

(2)测金属的导热系数的稳态值时，热电偶应该插到金属样品上的两侧小孔中；测量散热速率时，热电偶应该重新插到散热盘的小孔中。T_1、T_2 值为稳态时金属样品上、下两侧的温度，此时散热盘 P 的温度为 T_3，因此测量 P 盘的冷却速率应为

$$\left.\frac{\Delta T}{\Delta t}\right|_{T=T_3},\lambda=mc\left.\frac{\Delta T}{\Delta t}\right|_{T=T_3}\times\frac{h}{T_1-T_2}\times\frac{1}{\pi R^2}$$

测 T_3 的值时要在 T_1、T_2 达到稳定时，将上面测量 T_1 或 T_2 的热电偶移下来插到金属下端的小孔中进行测量，高度 h 按金属样品上的小孔的中心距离计算。

(3)样品圆盘 B 和散热盘 P 的几何尺寸可用游标尺多次测量取平均值。散热盘的质量 m 约 0.8 kg，可用药物天平称量。

(4)本实验选用铜-康铜热电偶，温差 100 ℃时，温差电动势约 4.27 mV，故配用了量程0～20 mV 的数字电压表，并能测到 0.01 mV 的电压。

七、仪器备注

当出现异常报警时，温控器测量值显示：HHHH，设置值显示：Err；当故障检查并解决后可按设定键(S)复位和加数键(▲)、减数键(▼)重设温度。

4.2 电磁学实验

实验 7 电表的改装与校准

电表在电学量的测量中应用很广泛，因此了解电表和使用电表就显得十分重要。电流计表头由于构造的原因，一般只能测量和承受较小的电流和电压，如果要用它来测量较大的电流或者电压，就必须进行改装，以扩大其量程。万用表就是对微安表的表头进行多量程改装而来的，其在电路的测量和故障检测中应用十分广泛。

一、实验目的

(1)测量表头内阻及满度电流。

(2)掌握将 1 mA 的表头改装成较大量程的电流表和电压表的方法。

(3)设计一个 $R_{中}=1500\ \Omega$ 的欧姆表，要求 E 在 1.3～1.6 V 范围内使用能调零。

(4)用电阻器校准欧姆表，画出校准曲线，并根据校准曲线用组装好的欧姆表测量未知电阻。

(5)学会校准电流表和电压表的方法。

二、实验仪器

(1)DH4508型电表改装与校准试验仪一台。
(2)ZX21电阻箱(可选用)一台。

三、实验原理

常见的磁电式电流计主要是由放在永久磁场中的由细漆包线绕制而成的可以转动的线圈,用来产生机械反力矩的游丝,指示用的指针和永久磁铁所组成。当电流通过线圈时,载流线圈在磁场中就产生一个磁力矩$M_{磁}$使线圈发生转动,从而带动指针偏转。线圈偏转角度的大小与通过的电流大小成正比,所以可以由指针的偏转直接指示出电流值的大小。

电流计允许通过的最大电流称为电流计的量程,用I_g表示;电流计的线圈有一定的内阻,用R_g表示。I_g和R_g是表征电流计特性的重要参数。

1. 测量内阻R_g常用的方法

1)半电流法(也称中值法)

半电流法测量原理见图4-14,当被测电流计接在电路中时,使电流满偏,再用十进位电阻箱与电流计并联作为分流电阻,改变电阻值,即改变分流程度。当电流计指针指示到中间值且标准表读数(总电流强度)仍保持不变(可通过调节电源电压和电阻R_w的阻值来实现),这时分流电阻值就等于电流计的内阻。

2)替代法

测量原理图见图4-15,当被测电流计接入电路时,用十进制电阻箱替代它,且改变电阻箱示值的大小。当电路中的电压不变,且电流(标准表的读数)也保持不变时,电阻箱的阻值即为被测电流计的内阻。替代法是一种应用很广泛的测量方法,具有较高的测量准确度。

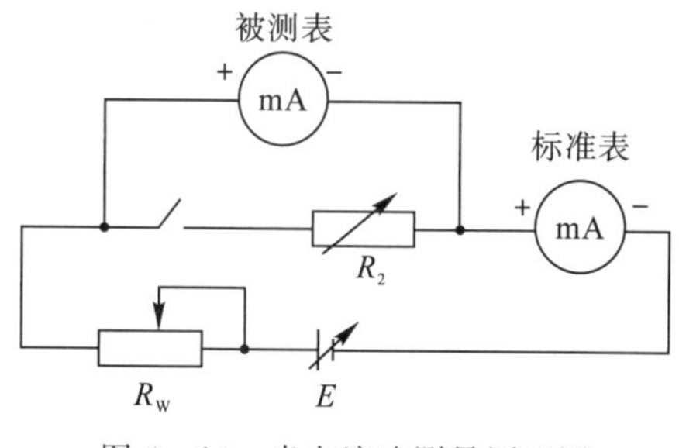

图4-14　半电流法测量原理图

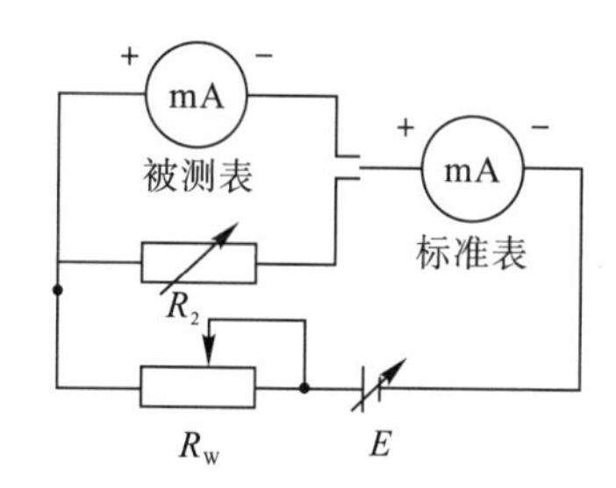

图4-15　替代法测量原理图

2. 改装成大量程电流表

根据电阻并联的规律可知,如果在表头的两端并联上一个阻值适当的电阻R_2,如图4-16所示,可以使表头不能承受的那部分电流从电阻R_2上分流通过。这种由表头和并联电阻R_2组成的整体(图中虚线框内的部分)就是改装后的电流表。如果需要将量程扩大n倍,则不难得出

$$R_2=\frac{R_g}{n-1} \tag{4-35}$$

图 4－16 是扩流后的电流表原理图。用电流表测量电流时，电流表应串联在被测电路中，故电流表应有较小的内阻。另外，在表头上并联阻值不同的分流电阻，便可制成多量程的电流表。

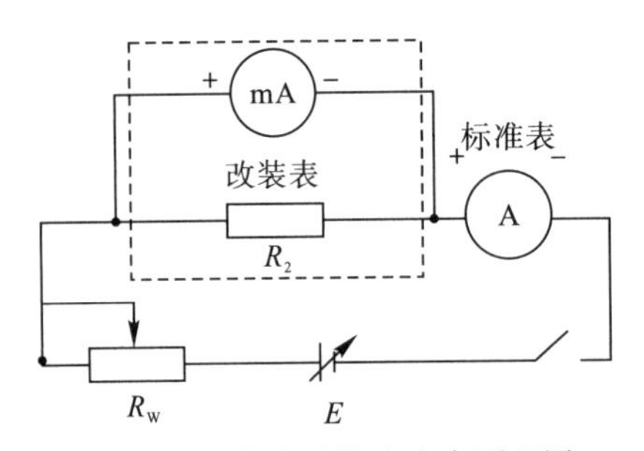

图 4－16　扩流后的电流表原理图

3. 改装为电压表

一般的表头能承受的电压非常小，不能用来测量较大的电压。为了测量较大的电压，可以给表头串联一个阻值适当的电阻 R_M，如图 4－17 所示，使表头上不能承受的那部分电压降落在电阻 R_M 上，这种由表头和串联电阻 R_M 组成的整体就是电压表。串联的电阻叫作扩程电阻。选取不同大小的 R_M，就可以得到不同量程的电压表。由图 4－17 可求得扩程电阻 R_M 为

$$R_M=\frac{U}{I_g}-R_g \tag{4-36}$$

实际的扩展量程后的电压表的原理图见图 4－17。

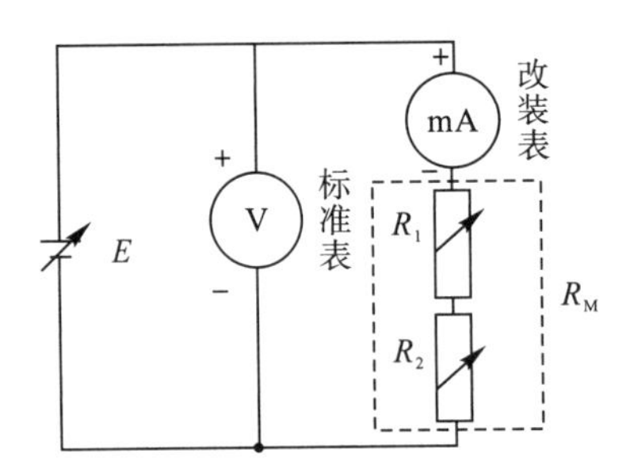

图 4－17　扩展量程后的电压表原理图

用电压表测电压时，电压表总是并联在被测电路上，为了不因并联电压表而改变电路的工作状态，要求电压表应有较高的内阻。

4. 改装毫安表为欧姆表

用来测电阻大小的电表称为欧姆表。根据调零方式的不同，欧姆表可以分为串联分压式和并联分流式两种，其原理电路如图 4－18 所示。

图 4－18 中，E 为电源，R_3 为限流电阻，R_W 为调“零”电位器，R_X 为被测电阻，R_g 为等效表头内阻。图 4－18(b)中，R_G 和 R_W 一起组成分流电阻。

欧姆表使用前先要进行调零，即 a，b 两点短路，相当于 $R_X=0$，调整 R_W 的阻值，使表头指针正好偏转到满刻度。可见，欧姆表的零点就在表头标度尺的满刻度处，与电流表和电压表的零点正好相反。

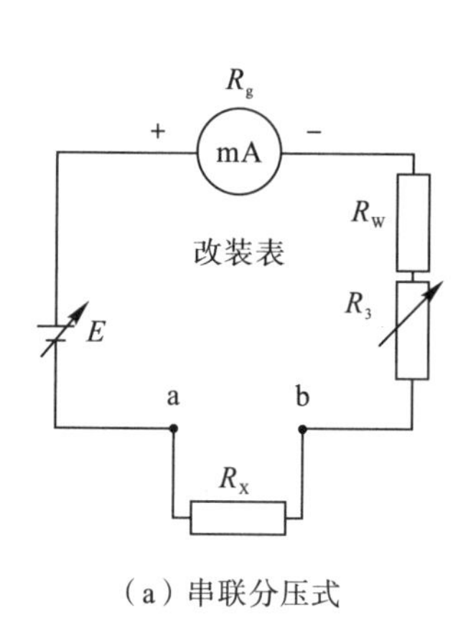

（a）串联分压式

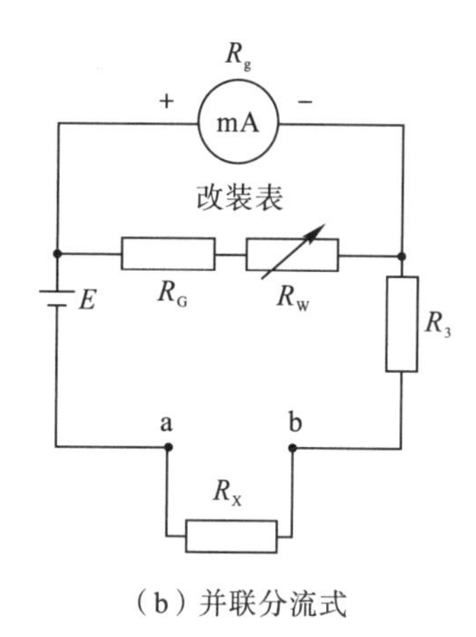

（b）并联分流式

图 4－18　欧姆表原理图

在图 4－18(a)中，当 a，b 端接入被测电阻 R_X后，电路中的电流为

$$I=\frac{E}{R_g+R_W+R_3+R_X} \tag{4-37}$$

对于给定的表头和线路来说，R_g、R_W、R_3 都是常量。由此可见，当电源端电压 E 保持不变时，被测电阻和电流值有一一对应关系。即接入不同的电阻，表头就会有不同的偏转读数，R_X 越大，电流 I 越小。短路 a，b 两端，即 $R_X=0$ 时

$$I=\frac{E}{R_g+R_W+R_3}=I_g \tag{4-38}$$

当 $R_X=R_g+R_W+R_3$时

$$I=\frac{E}{R_g+R_W+R_3+R_X}=\frac{1}{2}I_g \tag{4-39}$$

这时指针在表头的中间位置，对应的电阻值为中值电阻，显然

$$R_{中}=R_g+R_W+R_3 \tag{4-40}$$

当 R_X为∞时，相当于 a，b 两端开路，这时电流 $I=0$，即指针在表头的机械零位置。所以欧姆表的表头刻度示值为反向刻度，且刻度是不均匀的，电阻 R 越大，刻度间隔就越密。如果表头的标度尺预先按照已知的电阻值刻度，那么就可以用电流表来直接测量电阻了。

并联分流式欧姆表是利用对表头分流来进行调零的，具体参数可以自行设计。欧姆表在使用过程中电池的端电压会有所改变，而表头的内阻 R_g 及限流电阻 R_3 为常量，故要求 R_W 要跟着 E 的变化而改变，以满足调零的要求。设计时用可调电源模拟电池电压的变化，变化范围取 1.3～1.6 V 即可。

四、实验内容

(1)熟悉 DH4508 型电表改装与校准试验仪面板上各视窗、旋钮和按键的作用，然后对毫安表进行机械调零。

(2)用中值法或替代法测出表头的内阻，按图 4－14 或图 4－15 接线，测出 R_g。

(3)将一个量程为 1 mA 的电流表表头改装成 5 mA 量程的电流表。

①根据式(4－35)计算出分流电阻值，先将电源电压调到最小，R_W 调到中间位置，再按

图 4-16 接线。

②慢慢调节电源升高电压，使改装表指到满量程(可配合调节 R_W 变阻器)，这时记录标准表的读数。注意：R_W 作为限流电阻，阻值不要调至最小值。然后调小电源电压，使改装表每隔 1 mA(满量程的 1/5)逐步减小读数直至零点；(将标准电流表选择开关打在 20 mA 档量程)再调节电源电压按原间隔逐步增大改装表读数到满量程，每次记下标准表相应的读数，记录于表 4-14 中。

③以改装表读数为横坐标，标准表由大到小及由小到大调节时，两次读数的平均值为纵坐标，在坐标纸上作出电流表的校正曲线，并根据两表最大误差的数值定出改装表的准确度级别。

④重复以上步骤，将 1 mA 表头改装成 10 mA 表头，可按每隔 2 mA 测量一次(选做内容)。

⑤将面板上的 R_G 和表头串联，作为一个新表头，重新测量一组数据，并比较扩流电阻有何异同(本步骤可选做)。

表 4-14　改装表满量程时电流标准表读数

改装表读数/mA	标准表读数/mA			示值误差 ΔI/mA
	减小时	增大时	平均值	
1				
2				
3				
4				
5				

(4)将一个量程为 1 mA 的电流表表头改装成 1.5 V 量程的电压表。

①根据式(4-36)计算扩程电阻 R_M 的阻值，可用 R_1、R_2 进行实验。

②按图 4-17 连接校准电路。用量程为 2 V 的数显电压表作为标准表来校准改装的电压表。

③调节电源电压，使改装表指针指到满量程(1.5 V)，记下标准表读数，然后每隔 0.3 V 逐步减小改装读数直至零点，再按原间隔逐步增大到满量程，每次记下标准表相应的读数于表 4-15中。

表 4-15　电流表改装成电压表读数

改装表读数/V	标准表读数/V			示值误差 ΔU/V
	减小时	增大时	平均值	
0.3				
0.6				
0.9				
1.2				
1.5				

④以改装表读数为横坐标，标准表由大到小及由小到大调节时两次读数的平均值为纵坐标，在坐标纸上作出电压表的校正曲线，并根据两表最大误差的数值定出改装表的准确度级别。

⑤重复以上步骤，将1 mA的表头改装成5 V的表头，可按每隔1 V测量一次。(可选做)

(5)改装欧姆表及标定表面刻度。

①根据表头参数I_g和R_g以及电源电压E，选择R_W为470 Ω，R_3为1 kΩ或自行设计确定。

②按图4-18(a)进行接线。将R_1、R_2电阻箱(这时作为被测电阻R_X)接于欧姆表的a、b端，调节R_1、R_2的阻值，使得$R_中=R_1+R_2=1500$ Ω。

③调节电源$E=1.5$ V，调整R_W使改装表头指示为零。

④取电阻箱的电阻为一组特定的数值R_{Xi}，读出相应的偏转格数d_i并记录在表4-16中，利用所得的读数R_{Xi}和d_i，绘制出改装欧姆表的标度盘。

表4-16 电流表改装为欧姆表读数记录表

R_{Xi}/Ω	$R_中/5$	$R_中/4$	$R_中/3$	$R_中/2$	$R_中$	$2R_中$	$3R_中$	$4R_中$	$5R_中$
偏转格数d_i									

电源电压$E=$________ V；$R_中=$________ Ω。

⑤按图4-18(b)进行接线，设计一个并联分流式欧姆表，试与串联分压式欧姆表进行比较，有何异同。(可选做)

五、思考题

(1)是否还有别的办法来测定电流计的内阻？能否用欧姆定律来进行测定？能否用电桥进行测定而又保证通过电流计的电流不超过I_g？

(2)设计$R_中=1500$ Ω的欧姆表，现在有两块量程为1 mA的电流表，其内阻分别为250 Ω和100 Ω，你认为选择哪块比较好？

实验8 伏安法测电阻及晶体二极管的伏安特性曲线

伏安法是一种测量电阻的常用方法，所用的测量仪器比较简单，使用方便，但由于电表的内阻对测量结果有影响，所以这种方法带有明显的误差。本实验用伏安法测电阻，了解此方法特点及存在问题，根据测量精确度的要求选取合适的测量方法和数据处理方法。

一、实验目的

(1)熟悉电子仪表的使用方法，掌握伏安法测电阻。

(2)学会消除系统误差的方法和加权平均法。

(3)了解晶体二极管的伏安特性的意义和测量方法。

(4)学会用变阻器接分压电路和制流电路。

二、实验仪器

(1)电源(交流电供电，可调)；

(2)电流表(5 mA、10 mA等量程)；

(3)滑动变阻器电压表(1.5 V、7.5 V 等量程);

(4)电阻箱(0~1500 Ω);

(5)晶体二极管开关(单刀开关、变向开关)。

三、实验原理

用电压表测出待测电阻两端电压为U,用电流表测出通过待测电阻的电流为I,则待测电阻的阻值为$R=U/I$。这种直接测出电压和电流的数值,再由此计算出电阻的方法称为伏安法。

在实际生活中,电压表阻值不是无穷大,电流表阻值不是零,故电路不同将导致电阻值结果不同。电路可分为两大类:内接法和外接法。

电路按控制电路可分为制流电路和分压电路(见图 4-19)。

制流电路是将变阻器的滑动端C和任一固定端串联在电路中,当C端滑动时,由于AC段电阻改变使电路中的总电阻发生变化,从而使电路中电流相应变化,当C端由B移到A时,变阻器AC段电阻值由R_0变到0,于是负载R_L上电流调节范围为$\frac{U_0}{R_0+R_L}\to\frac{U_0}{R_L}$,电压调节范围为$\frac{R_LU_0}{R_0+R_L}\to U_0$。电压调节与变阻器阻值有关。

分压电路是变阻器两个固定端(A和B)与电源串联,由任意端(A或B)和滑动端C提供负载所需电压,随着C端滑动,BC间的输出电压相应变化,当滑动端C由A移动到B时输出电压由U_0变到0。电压调节与变阻器阻值无关。

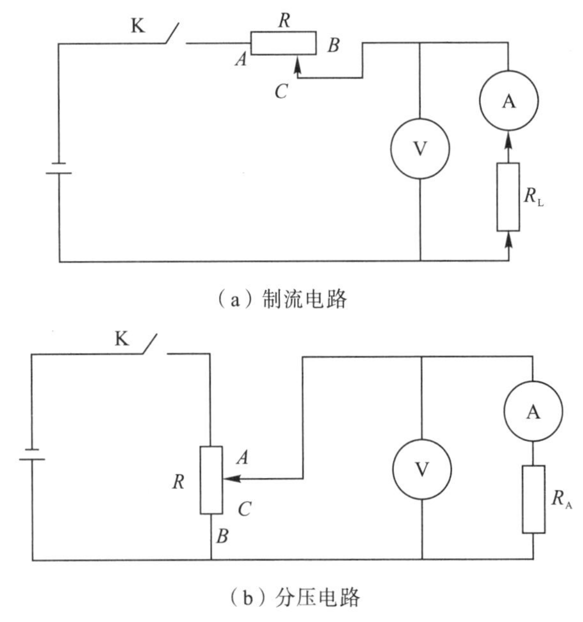

(a)制流电路

(b)分压电路

图 4-19 制流电路和分压电路电路图

将电流表和待测电阻R_x串联后再与电压表并联(把电流表接在电压表内侧)称为"内接法",如图 4-20 所示,所测电流I是通过R_x的电流,但所测电压U是R_x和电流表内阻之和,若电流表内阻为R_A,由欧姆定律计算被测电阻$R_x'=U/I=R_x+R_A$,则被测电阻$R_x=R_x'-R_A$,则由内接法引起的误差为$\Delta R_x'=R_x'-R_x=R_A$。

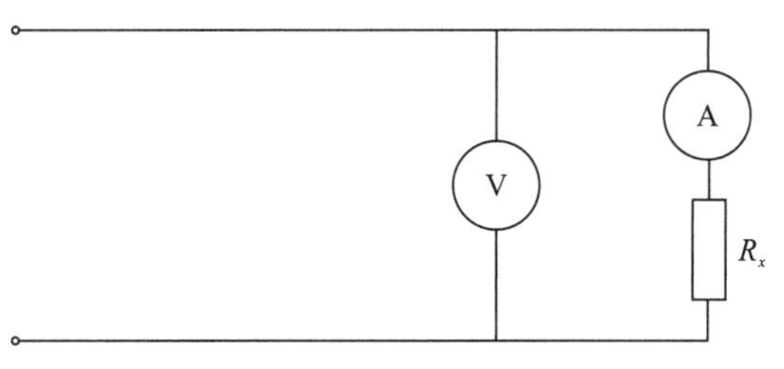

图4-20　内接电路

将电压表与R_x并联后再与电流表串联(把电流表接在电压表外侧)称为“外接法”,如图4-21所示,所测电压U是R_x两端的电压,但所测电流I是通过R_x和电压表的电流之和。电压表内阻为R_V,由欧姆定律计算被测电阻有$R''_x=U/I=U/(I_x+I_V)=R_x\cdot R_V/(R_x+R_V)$。

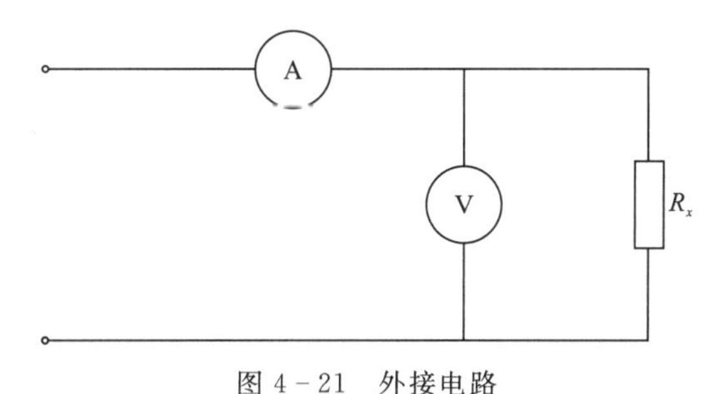

图4-21　外接电路

所以被测电阻$R_x=R_V\cdot R''_x/(R_V-R''_x)$,由外接法引起的误差为$\Delta R''_x=R''_x-R_x=-(R''_x)^2/(R_V-R''_x)$。故无论采取什么电路都会产生误差,所以该误差为系统误差,只要知道R_A,R_V数值就可消除。由于仪器精确度有限,使测量产生一定误差,由误差传递公式得:相对误差为$\delta R_x/R_x=\sqrt{(\delta_I/I)^2+(\delta_V/U)^2}$,其绝对误差为$\delta R_x=R_x\ \sqrt{(\delta_I/I)^2+(\delta_V/U)^2}$($\delta_I$为电流表误差,$\delta_V$为电压表误差,且$\delta_I$=电流表量程×级别%,$\delta_V$=电压表量程×级别%),在不等精度多次测量时,计算的误差与电压表和电流表读数有关。根据各次测量值的可信度给不同的“权”,以使可信度较高的测量值对平均值有较大贡献,此为“加权平均”。由“加权平均”得$\overline{R_x}=\dfrac{P_1R_{x1}+P_2R_{x2}+P_3R_{x3}+\cdots+P_nR_{xn}}{P_1+P_2+P_3+\cdots+P_n}=\sum\limits_{i=1}^{n}P_iR_{xi}/\sum\limits_{i=1}^{n}P_i$,其中$R_{x1}$、$R_{x2}$、$R_{xn}$为各次测量消除方法误差后的测量值,$P_1$、$P_2$、$P_n$为各次测量值的“权”,且$P_i=1/\delta^2_{Rx_i}$,$P_i$取近似最小整数。加权平均的算术平均误差为$P_i\delta_{\overline{R_x}}=\dfrac{1}{\sqrt{P_1+P_2+\cdots+P_n}}=\dfrac{1}{\sqrt{\sum\limits_{i=1}^{n}P_i}}$,最后将测量结果表示为$R_x=\overline{R_x}\pm\delta_{\overline{R_x}}$。

晶体二极管是典型的非线性电阻,用电压表测出二极管两端电压U,同时用电流表测出通过二极管的电流I,可做伏安特性曲线,即$U-I$图,但这样测出的曲线受电表的内阻R_A,R_V影响很大。当测量正向特性曲线时,正向导通电阻很小,一般只有几十到几百欧姆,采用外接电路,电压表直接并联在二极管两端。在低电压时,二极管的等效电阻变化很大,电压表内阻R_V的分流作用的影响不能忽略,难以得到一条理想伏安特性曲线。测反向特性曲线时,因反向导电电阻很大,一般在几十万欧姆或以上,故采用内接电路。当二极管击穿后,等效电阻很小，电流表内阻 R_A 的分压作用也不可忽略。为得到较理想的伏安特性曲线，可采用模拟法，人为引入较大系统误差，再分析修正，使误差减小。

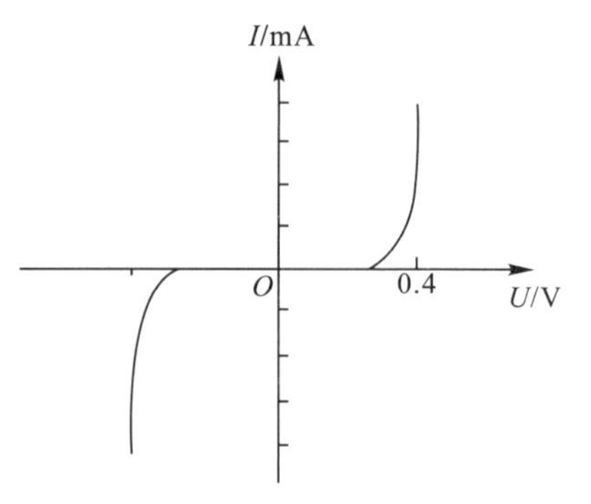

图 4-22　二极管伏安特性曲线

二极管伏安特性曲线如图 4-22 所示，二极管的正向伏安特性测量电路如图 4-23 所示，R_U 为附加分流电阻，以模拟电压表内阻的分流作用。正向伏安特性曲线如图4-24 所示。电流表读数 $I=I_D+I_U$（I_U 是通过 $R_{并}$ 上的电流）。并联电阻 $R_{并}$ 的伏安特性是一条直线，虚线实际是线性并联电阻 $R_{并}$ 和非线性元件（二极管）曲线的叠加，只需从合成曲线上减去 $R_{并}$ 上的相应电流值，即得到理想正向伏安特性曲线。同法，可由图 4-25 所示电路利用分解得到图 4-26 中的反向伏安特性曲线。

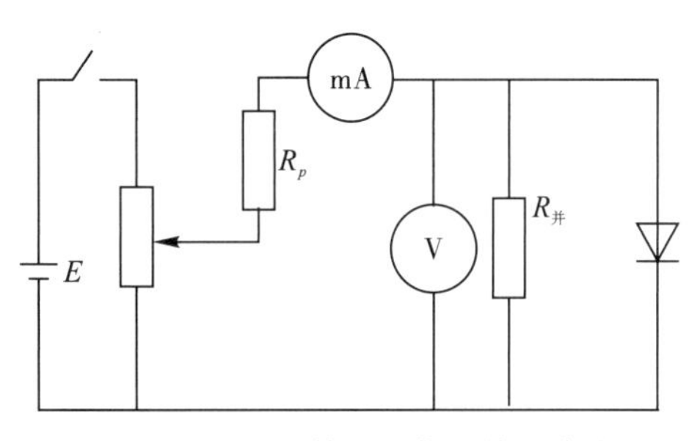

图 4-23　二极管正向伏安特性曲线

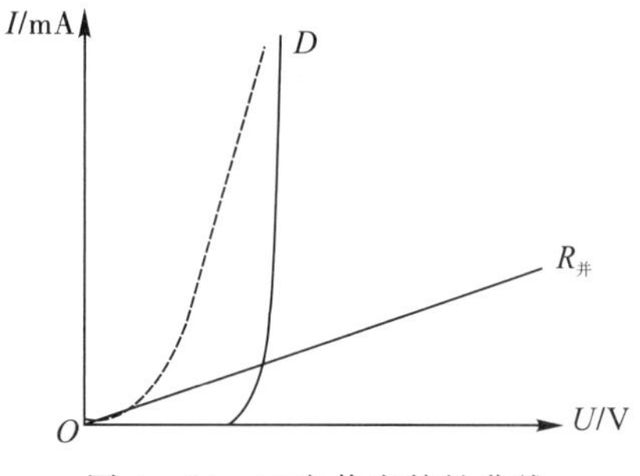

图 4-24　正向伏安特性曲线

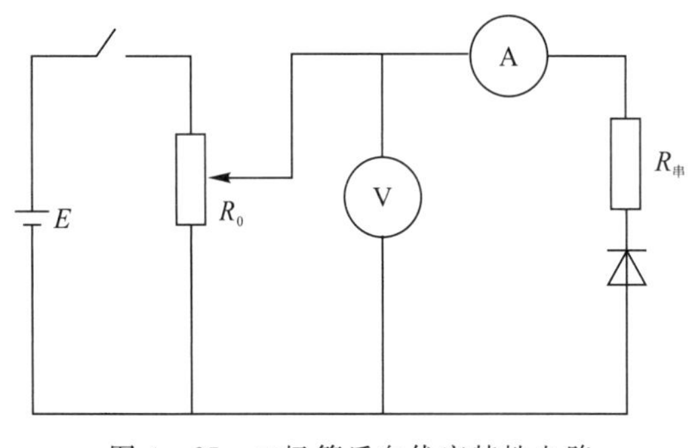

图 4-25　二极管反向伏安特性电路

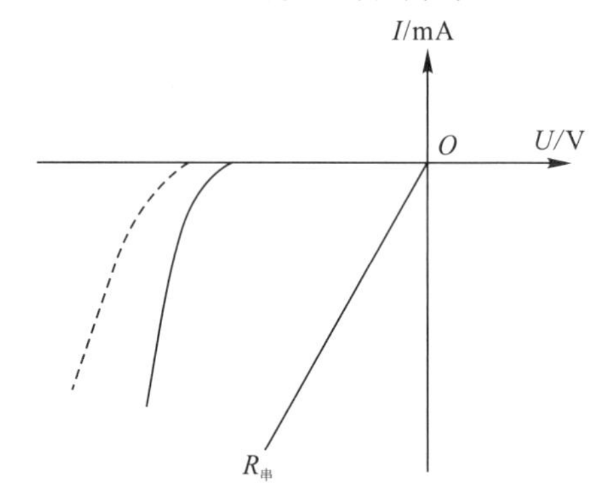

图 4-26　反向伏安特性曲线

四、实验内容及步骤

(1)练习制流电路、分压电路控制下的内接法与外接法接线规则。

①伏安法测电阻的阻值 R_x，按图 4-27 连接电路，由变换开关 K_2 可改变内、外接法，实现内、外接法的转化。

②将被测电阻 R_{xA} 和 R_{xB} 先后接入电路的 X_1、X_2 上，各以内接法、外接法在电流表满量程内，由大到小测量 5 个间隔相等的值，记录相应的电压表读数。

(2)伏安法测量数据处理。

①由欧姆定律 $R=\dfrac{U}{I}$，计算各次测量的电阻值，并进行修正，求出可消除的系统误差 ΔR_x。

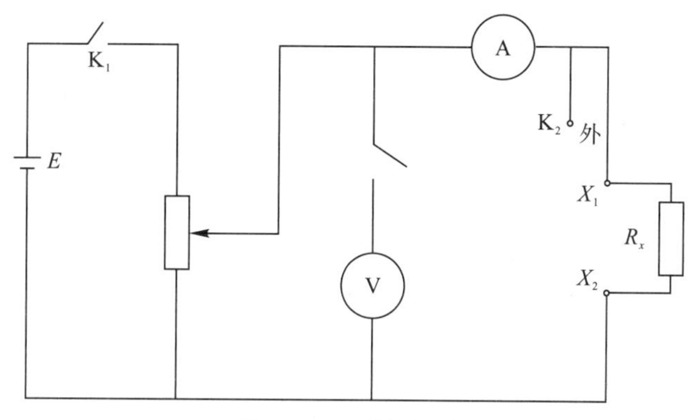

图 4－27　测量电路

②根据误差传递公式计算出各次测量值的绝对误差 δ_{R_x}。

③分别计算出电阻测量值的平均值$\overline{R_x}$及误差 $\delta_{\overline{R_x}}$，写出结果。

(3)测量晶体二极管，画出伏安特性曲线。

①测量正向曲线，将 R_U 调至 1500 Ω(图 4－23)，逐渐加大二极管两端所加电压，记录相应电流表读数，画出 $U-I$ 图。

②测量反向曲线，将 R_U 调节至 91.4 Ω(图 4－25)，加大负电压，记录电流表相应读数，画出 $U-I$ 图。

③曲线修正：作出电压表等效分流电阻 $R_{并}$ 特性曲线，修正正向曲线。画电流表等效分压电阻 $R_{串}$ 特性曲线，修正负向曲线。

五、实验分析讨论

(1)由 ΔR_x 值变化趋势看出，要使系统误差小，被测小电阻宜用外接法；当所测电阻值较大时，应用内接法。

(2)要使仪器误差小，应选择小量程测量。

(3)对于二极管曲线的修正，只需由电路接法在 $U-I$ 特性曲线上减去相应的人为附加电阻所分电压或电流即可得理想曲线。

六、注意事项

(1)电源不得短路。

(2)接线时，电表正、负极不得接反，且应注意正确选择电表量程。

(3)测二极管 $U-I$ 特性时，注意 $I_{正\max}$ 和 $U_{反\max}$。

七、思考题

(1)用伏安法测电阻时，先将电流表接入电路中测出电阻电流后，再将电压表并联在电阻上测出电压值。这样是否可以完全避免由于电流表和电压表同时接入电路时的误差？如果有误差，说明其来源。

(2)在测二极管正、反向特性曲线时，电表的接法有何不同？为什么？

(3)滑线变阻器在当限流器使用时，开始时，其阻值应处于最大还是最小？为什么？

实验9 用惠斯通电桥测电阻

电桥法是测量电阻的常用方法，利用桥式电路制成的各种电桥是用比较法进行测量的仪器，其实质是将被测电阻与标准电阻进行比较来确定被测电阻值的。电桥法测电阻具有精确度高、使用方便等特点，不仅用于测量许多电阻有关的电学量和非电学量，而且广泛应用于自动控制中。电桥分为直流电桥和交流电桥，直流电桥又分为单臂电桥和双臂电桥。单臂电桥又叫惠斯通电桥，用于测量中等阻值的电阻。本实验主要介绍惠斯通电桥测电阻。

一、实验目的

(1)掌握用惠斯通电桥测电阻的基本原理。

(2)正确使用惠斯通电桥测电阻。

(3)了解电桥灵敏度的概念和灵敏度与测量误差的关系。

(4)自己动手组装惠斯通电桥并测电阻。

二、实验仪器

箱式电桥、电流计、电阻箱(3个)、电池(2个)、待测电阻、导线若干。

三、实验原理

用惠斯通电桥将待测电阻与标准电阻相比较，从而确定待测电阻是标准电阻的多少倍。由于标准电阻本身误差非常小，因而惠斯通电桥法测电阻可以达到很高的精确度。惠斯通电桥如图4-28所示，被测电阻 R_X 和两个固定电阻 R_1、R_2 及一可调电阻 R_0 各为一边，形成一个四边形，四边形的每一边称为一个桥臂，两对角线分别接电源和检流计。合上开关后可由检流计测定 B、D 两处电压是否相等，如检流计 I_g 为零，则电桥达到平衡。此时，$I_1R_1=I_2R_2$，$I_XR_X=I_0R_0$，且 $I_1=I_X$，$I_2=I_0$，所以$\frac{R_1}{R_2}=\frac{R_X}{R_0}$，故 $R_X=\frac{R_1}{R_2}\cdot R_0$。

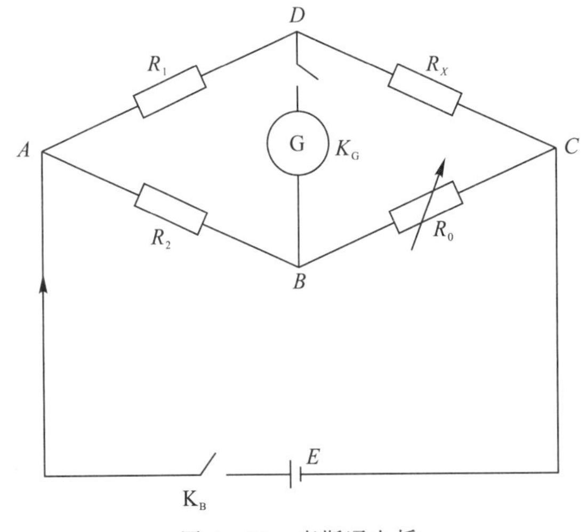

图4-28 惠斯通电桥

为了估计由于电桥未真正平衡所引起的误差大小，引入电桥灵敏度 S，把电桥调节到“平衡状态”后，人为改变某一电阻值，观察电流计 G 的指针偏离平衡位置的分格数 Δn，令 $S=\dfrac{\Delta n}{(\Delta R_X/R_X)}$，当 S 越大，则给测量带来的误差越小。当 $K=\dfrac{R_1}{R_2}=1$ 时，S 最大。当指针偏离 1/10格时，才可以被人眼所辨别，故 $\left|\dfrac{\Delta R_X}{R_X}\right|=\dfrac{\Delta n_0}{S}$，$|\Delta R_X|\leqslant K(\alpha\% R_0+b\Delta R_0)$，$K$ 为倍率，b 为系数，ΔR_0 为 R_0 的最小变动值。具体量化，$K=\dfrac{R_1}{R_2}$，当 $\alpha\leqslant 0.02$ 时，$b=0.3$；当 $\alpha\geqslant 0.05$ 时，$b=0.2$。

由于惠斯通电桥把导线电阻和接线柱的接触电阻一并包含在待测电阻内，为解决低电阻问题采用四端引线，如图 4-29 所示，P_1 和 P_2 间为测量电阻值，而 J_1P_1 和 J_2P_2 间的导线电阻和 J_1、J_2 的接触电阻都被排斥在外，采用如图 4-30 所示电路，则 $I_g=0$ 时，$I_1R=I_3R_X+I_2R'$，$I_1R_1=I_3R_N+I_2R_2$，$I_2(R'+R_2)=(I_3-I_2)R_0$，故，$R_X=\dfrac{R}{R_1}R_N+\dfrac{R_0R_2}{R'+R_2+R_0}(\dfrac{R}{R_1}-\dfrac{R'}{R_2})$。如果 $R=R'$，$R_1=R_2$，则 $R_X=\dfrac{R}{R_1}\cdot R_N$（具体见双臂电桥测低电阻）。

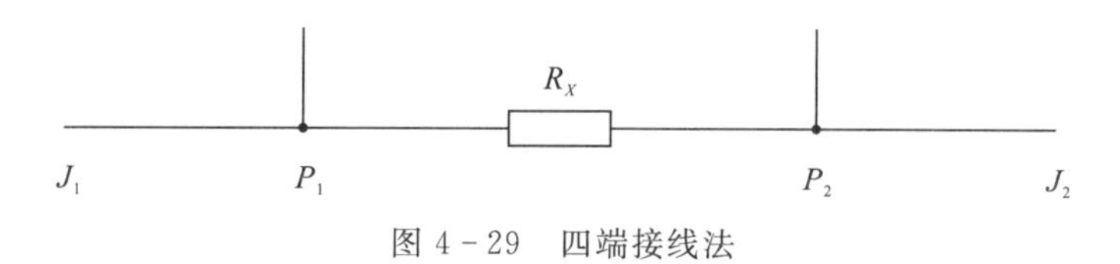

图 4-29　四端接线法

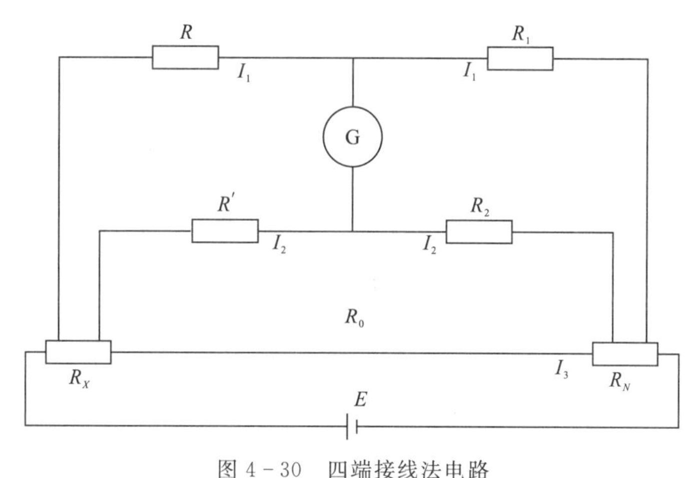

图 4-30　四端接线法电路

四、实验内容及步骤

1. 校准

(1)测量前先查看检流计指针是否在“0”点，进行机械调零。

(2)将 R_X 用短而粗的导线连于电桥上的 x_1、x_2 接线柱上，选择适当倍率 K，打开开关 B 后打开开关 G，观察 G 的偏转调节 R_0，使 G 平衡，连压开关 G_0，可确定指针是否已平衡，代入 K 和 R_0，求 R_X 的值。

(3)改变 R_0 一个较小值 ΔR_0，观察 G 的指针偏转格数 Δn，求 S。

(4)由 $\left|\frac{\Delta R_X}{R_X}\right|=\frac{\Delta n_0}{S}$，求绝对误差；由 $|\Delta R_X|\leqslant K(\alpha\% R_0+b\cdot\Delta R)$ 求电桥本身误差。

2. 测量

(1)测量一段金属丝的电阻 R_X、长度 L、直径 d，按公式 $\rho=\pi d^2 R_X/4L$ 求出电阻率 ρ。

(2)按图 4-30 接好电路，测出 R_X，再将电流反向，求 R'_X 计算平均值。

3. 完成实验报告

五、实验结果讨论及有关注意事项

(1)无论用箱式电桥测电阻还是用自组电桥测电阻，电阻箱所用阻值应包含×1000 挡，以使电路安全、灵敏。

(2)由于电阻 R_0 所用的电阻包含×1000 挡，故选取 K 值时应由所给的粗略的电阻选择适当的 K 值(倍率)。

(3)电流计在使用前应先进行调零，选择适当“零起点”。

(4)惠斯通电桥在测低电阻时，由于导线、开关等电阻介入电路，会引起较大的误差，所以惠斯通电桥不能测低电阻。

六、思考题

(1)惠斯通电桥由哪几部分组成？电桥平衡的条件是什么？

(2)为什么用电桥测量电阻容易达到较高精确度？

实验 10　直流电位差计及其应用

直流电位差计是一种根据补偿原理制成的用途十分广泛的高准确度、高灵敏度的比较式电测仪器。它主要用来测量直流电动势和电压，在配合标准电阻时也可测量电流和电阻，还可以用来校准直流电桥和精密电表等直读式仪表。电位差计中采用的补偿原理还常用在一些非电学量(如压力、温度、位移等)的测量中及自动检测和控制系统中，其准确度可达 0.001%。

一、实验目的

(1)掌握补偿、平衡、比较三种实验方法；

(2)掌握电势差计的构造、工作原理及使用方法；

(3)了解热电偶的测温原理和方法，并熟悉灵敏电流计和标准电池的使用。

二、仪器和用具

UJ-31 型低电势直流电位差计、直流辐射式检流计、150 mA 的毫安表、稳压直流电源、标准电池、标准电阻箱、电路板、温度计等。

三、实验原理

电位差计是根据补偿原理及应用比较法，将待测电动势(或电压)与标准电动势(或电压)

相比较来进行测量的仪器。

1. 补偿原理

在使用各种系列的指针式直读仪表进行测量时，由于测量仪器进入被测系统后，使该系统的状态发生了变化，从而不能得到被测量的客观值。如用伏安法测量电阻 R 的大小，无论采用电流表的内接法还是外接法，仪表工作时都要从被测电路中吸收一部分能量，使得测量所得电流或电压的值总有一个不是真实值，从而造成“系统误差”。

如果采用补偿法测量，就可以消除这种误差。补偿法是通过给工作回路添加一个可调的标准电压箱（通过调节其电阻值来实现电压的连续变化），不断调节其电压值 U_N，使它的大小与被测电阻 R 的电压降 U_x 相等而极性相反，这时工作回路里的检流计的指针将指“零”，即检流计支路中没有电流流过，于是有 $U_x=U_N$，这时称 U_x 与 U_N 互相补偿。

由以上讨论可知：要用补偿法对电动势（或电压）进行高准确度测量，除了补偿原理外，还要有高准确度的可调标准电源、高准确度的读数装置及灵敏度足够高的检流计。直流电位差计就是根据以上原理及要求制成的。

根据获得可变标准电压的方法不同，直流电位差计可分为两大类。

第一类是定流变阻式，原理电路图如图 4-31 所示。图中电流 I_P 固定不变，改变电阻 R_0 的数值使得标准电压 $U_0=I_PR_0$ 发生变化。当 $U_x=U_0$ 时，检流计 G 指“零”，U_x 的数值可以从 R_0I_P 得到。又因为 I_P 的值固定不变，用 R_0 的值可以来反映 U_x 的大小，R_0 可以直接用 U_x 标度。

第二类是定阻变流式，原理电路图如图 4-32 所示。图中电阻 R_0 的数值保持不变，通过改变 R_P 的大小使电流 I_P 的数值发生变化，从而改变标准电压 U_0 的数值。当 $U_x=U_0$ 时，检流计 G 将指“零”，U_x 的数值可以从 I_PR_0 得到。由于电阻 R_0 的阻值固定，U_x 的值可以直接从电流表读数，I_P 可直接用 U_x 标度。

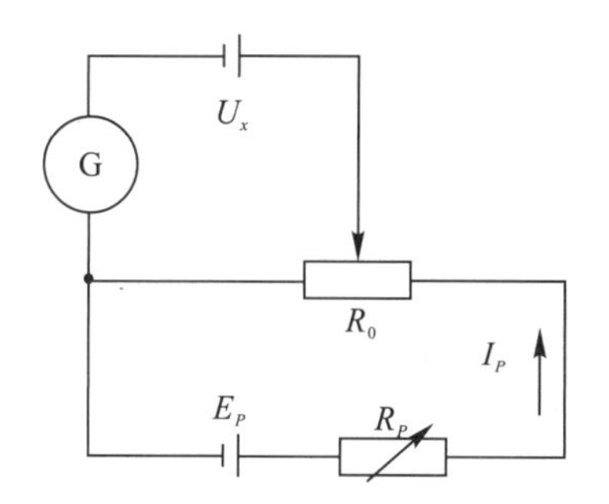

图 4-31 定流变阻式电位差计原理电路

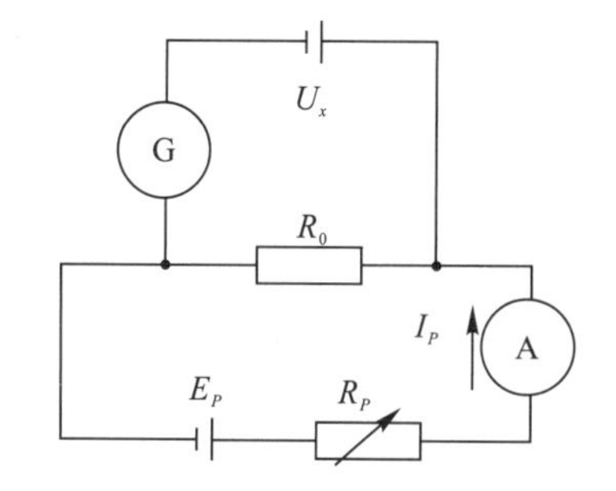

图 4-32 定阻变流式电位差计原理电路

2. 定流变阻式直流电位差计的工作原理及使用方法

定流变阻式直流电位差计的基本原理如图 4-33 所示，图中各符号的含义是：E 是标准电池（工作量具），提供准确的电动势；E_x 是待测电动势；E_P 是电位差计的工作电源，由它来提供工作电流 I_P，要求输出的电压稳定；R_s 是 s 和 o 两点间的电阻，称标准电阻；R_x 是 x 和 o 两点间的电阻，称测量电阻，也称补偿电阻，要求其数值连续可调，而且准确、稳定；R_P 是工作电流调节电阻，要求它有一定的调节细度；G 是检流计；K 是工作电源开关；K_1 是检流计按钮开关；K_2 是选择开关。直流电势差计的原理图可分为以下三个回路：

(1)工作电流(I_P)调节回路,由工作电源 E、调节电阻 R_P、标准电阻 R_s 及补偿电阻 R_x 组成。

(2)校准工作电流回路,由标准电池 E_s、标准电阻 R_s 及检测计 G 组成。

(3)测量电压回路(也称补偿回路),由补偿电阻 R_x、被测电压 U_x 及检流计 G 组成。

本实验使用 UJ-31 型低电势直流电位差计,它的测量范围有两个,分别为:1 μV~17.1 mV 和 10 μV~171 mV,其面板如图 4-34 所示,UJ-31 型低电势直流电位差计面板与原理图对照表见表 4-17。

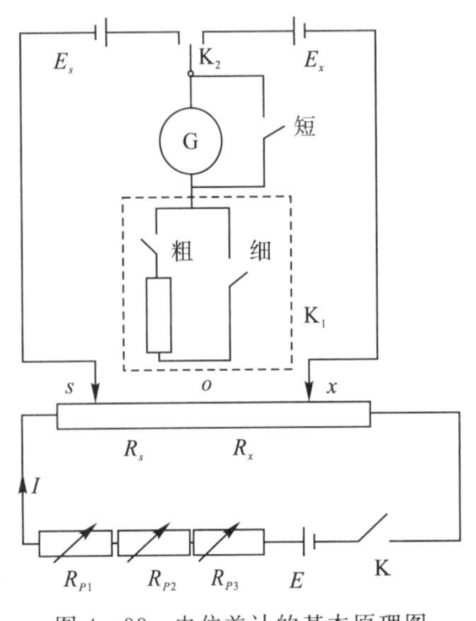

图 4-33 电位差计的基本原理图

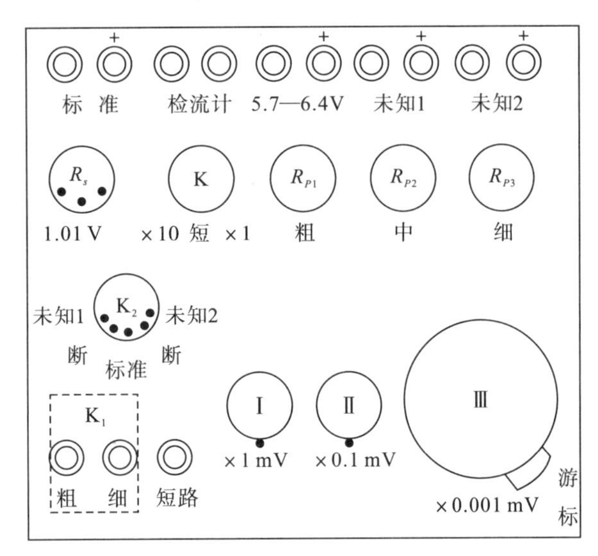

图 4-34 UJ-31 型低电势直流电位差计面板图

表 4-17 UJ-31 型低电势直流电位差计面板与原理图对照表

原理图	面板图
R_s	标有 R_s 的旋钮用来调节 R_s 两端的电压,用于与标准电动势 E_s 补偿
R_x	标有Ⅰ、Ⅱ、Ⅲ的三个转盘,用来调节 R_x 两端的电压与未知电动势 E_x 补偿
R_P	标有 R_{P1},R_{P2},R_{P3} 的三个旋钮,用来调节工作电流
K	标有 K 的旋钮,“断”为切断工作电源,两个接通位置中,×10 挡比×1 挡的量程大 10 倍
K_1	标有 K_1 的两个旋钮,“粗”按钮串有保护电阻,实验时应先按它,用以保护检流计和标准电池
K_2	标有 K_2 的旋钮,与标准电动势补偿时,应指向“标准”,与未知电动势补偿时应指向“未知 1”或“未知 2”,根据接线情况确定;K_2 是选择开关

图 4-34 中左下方的“短路”按钮单独按下时,可使检流计的两端直接接通,因而可使摆动的检流计光标很快停下来。图 4-34 中最上边一排接线柱分别用来连接标准电池、检流计、工作电源和待测的未知电动势。注意:接线时正、负极一定要对应接正确,否则可能会烧毁检流计或电路元件。

3. UJ－31 型低电势直流电位差计的使用方法

1)用标准电池校准工作回路

先根据标准电池在 20 ℃时的电动势数值和室温读数，用下式算出室温下标准电动势 E_s 的值，然后调节 R_s 旋钮到相应的值。

$$E_s = E_{20} - 4\times10^{-5}\times(t-20) - 1\times10^{-6}\times(t-20)^2 \tag{4-41}$$

将 K_2 拨至“标准”位置，接通 K，然后按下 K_1(先粗后细)的同时调节 R_P，以改变工作回路中的电流 I，使 R_s 两端的电压与 E_s 的值完全补偿而达到平衡(检流计指针指“0”)，这时电位差计的工作电流就被“校准”到规定值，用 I_0 表示。则

$$E_s = I_0 R_s \text{或} I_0 = \frac{E_s}{R_s} \tag{4-42}$$

2)测量未知电动势

将 K_2 与 E_x 接通，R_P 值保持不变。按下 K_1，调节 R_x 的阻值，使其两端的电压与 E_x 的值完全补偿而达到平衡，这时有

$$E_x = I_0 R_x \tag{4-43}$$

由式(4－42)、(4－43)可得

$$E_x = \frac{R_x}{R_s} E_s \tag{4-44}$$

这样，未知电动势就可以由式(4－44)求得。

为了测量方便起见，工艺上已将 $E_x = I_0 R_x$ 的值直接标在 R_x 上，且在 R_s 处标以 E_s 值(即 $E_s = I_0 R_s$ 值)。因此，实验时不用计算便能直接读出未知电动势的测量值。

可见，电位差计是通过电阻 R_s 和 R_x 把被测量 E_x 与标准量具 E_s 进行比较的，只要电阻 R_s 和 R_x 制造的足够准确，电位差计就可以得到比较准确的测量结果。同时，在比较过程中必须保证工作电流 I_P 不变，因此，调节 R_s 和 R_x 时不能改变电位差计回路的总电阻。

四、实验内容

(1)根据图 4－34，将电位差计的接线柱与对应的实物相连，注意正、负极不能接错。

(2)根据图 4－35 接好测量回路实物电路，电阻 R_x 接在电位差计的未知“1”或“2”上。

注意：根据实验室所用毫安表的量程选择电位差计旋钮 K 的挡位。

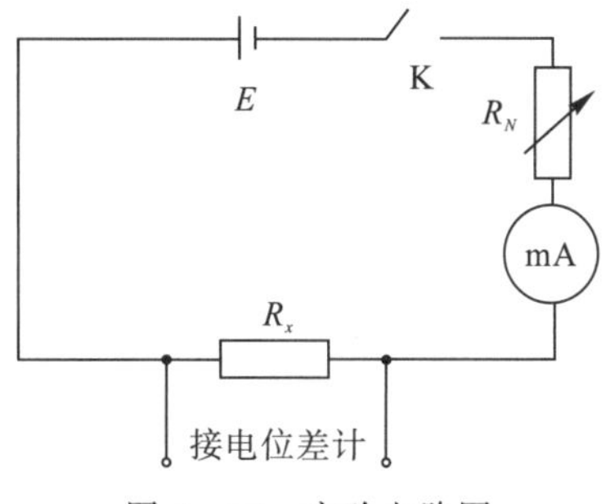

图 4－35 实验电路图

(3)根据实验室的温度计示值 t，用式(4－41)计算出标准电动势 E_s 的值，并将 R_s 旋钮转到与 E_s 相应的位置。

(4)检查检流计的电池是否装好,并将检流计调零。

(5)校准工作电流:将 K_2 转到“标准”挡,K 置于×10 挡。

(6)先按下 K_1 的“粗”按钮,同时依次调节 R_P 的“粗、中、细”三个旋钮,当检流计指针接近指向“0”时,按下 K_1 的“细”按钮,再进一步调节 R_P 的“中、细”旋钮,使检流计的指针再次指向“0”,这时工作电流就校准到 I_0 了。注意:工作电流校准好后,电阻 R_P 不能再动,并记住弹起(断开)开关 K_1 的粗和细。

(7)测量未知电动势 E_x,校准电流表(毫安表)。将 K_2 旋转到未知挡(根据实际接线情况确定旋转到未知 1 或未知 2),接通图 4-35 所示的测量电路中的开关 K,然后按下(闭合)K_1 的“粗”,同时依次调节 R_x 的三个旋钮Ⅰ、Ⅱ、Ⅲ使检流计指针指“0”,再按下 K_1 的“细”,依次调节 R_x 的两个旋钮Ⅱ、Ⅲ,使检流计指针再次指“0”。这时开始记下 R_x 的三个旋钮Ⅰ、Ⅱ、Ⅲ上面的数,并将其相加后乘以旋钮 K 上选定的挡位数,即可得到未知电压 U_x 的值,同时再记下毫安表对应的读数,分别记录于下边的表 4-18。根据上述步骤分别测量 5 组对应的未知电压和对应的电流值,填入表 4-18 中。

五、数据记录及数据处理

(1)根据上面第 7 步的测量数据完成数据表 4-18。

表 4-18　校准电流表　　　温度_____℃,标准电池 E_s=_______ V

E(测量回路)	3 V				
R_x/Ω					
$U_{测}$/mV					
$I_{理论}$/mA					
$I_{读数}$/mA					
ΔI/mA					
$\overline{\Delta I}$/mA					

(2)计算该毫安表的相对误差。

$E_I=\dfrac{\overline{\Delta I}}{I_{理}}\times 100\%=$________;

(3)根据以上数据,提出校准所用毫安表的方法,进行误差分析。

六、注意事项

(1)电位差计在使用完毕后,工作电源开关 K 和选择开关 K_2 应指在“短”的位置,每次测量完毕时按钮开关 K_1 必须全部松开。

(2)接线时,应严格按照正接正、负接负的原则,绝不能接错。这一步必须经过老师检查之后方可开始实验测量。

(3)标准电池不能作为电源使用,不能用电压表测量其电压,更不可以短路。在使用和搬运时,标准电池绝不能摇晃、颠倒或倾斜,因为标准电池内部的化学成分为液体,易流动倒出。

(4)电位差计每次测量前，必须先根据室温值确定的电压值校准工作电流，按钮开关的接通时间应尽可能短，千万不可以一开始就按下“细”按钮。

七、思考题

(1)为什么用电位差计测电动势比用电压表测得的结果准确度高很多？
(2)试验中发现检流计总是偏向一边，无法调平衡，分析可能有哪些原因？
(3)电位差计可以做很多与电压相关的实验，试想用它还能拓展出哪些实验？

实验 11　示波器的使用

示波器是现代科学技术领域内应用广泛的测试工具。用示波器可以直接观察电压波形，并测量电压的大小。因此，一切可转化为电压的电学量(如电流、电功率、阻抗等)、非电学量(如温度、位移、速度、压力、光强、磁场、频率等)以及它们随时间变化的过程都可以用示波器观测。

一、实验目的

(1)了解示波器的基本结构及显示波形的工作原理。
(2)学会使用示波器观察、测量各种信号波形。
(3)学会测量交流电频率及两个正弦波之间的相位差。

二、实验仪器

5020FF 示波器、低频信号发生器、交流电波形的振幅、频率、相位测试板。

三、实验仪器和电路原理

双踪示波器同时可输入两组电信号，并且能分析研究其波形、频率、相位等一系列数据。它利用锯齿波发生器输出的锯齿电压，使经过放大器放大后的信号可以显示在荧光屏上。示波器由示波管、放大电路、扫描发生器、触发同步和供电电源五个基本部分组成，其结构原理框图如图 4－36 所示。

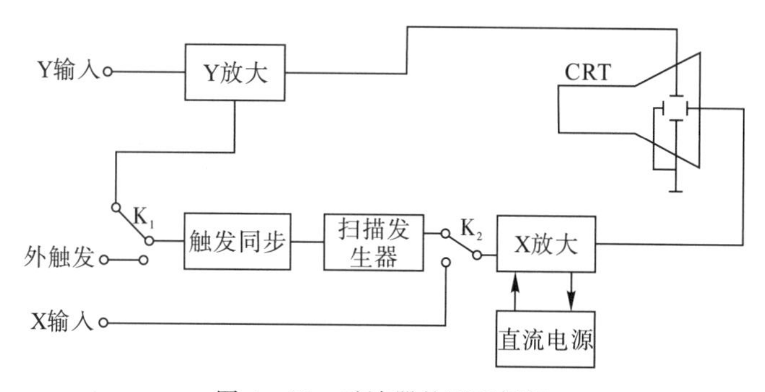

图 4－36　示波器的原理框图

1. 示波管

示波管中，灯丝上通过电流时产生热量，使阴极发射出热电子，热电子经过控制栅后，电子束被加速聚焦，形成一束足以使荧光屏感光的电子束。当在垂直偏向输入端输入电压信号后，电子束会在电场作用下发生偏转，可在垂直端上、下移动，令荧光屏上的光点垂直移动。

2. 扫描发生器

当 x、y 轴偏转板不加电压时，电子束无偏转地打在荧光屏的中心位置；当只给 y 轴偏转板加一个交变电压 v_y，x 轴偏转板不加电压时($v_x=0$)，电子束在荧光屏上的光斑只随 v_y 的变化在竖直方向来回运动，在水平方向无运动。当 v_y 频率较高时，在荧光屏上只能见到竖直方向的一条亮线。要显示 v_y 随时间变化的波形，必须同时在水平偏转板上加一个随时间线性变化的电压，因其波形是锯齿状的，故又称锯齿波电压。电子束在 v_y 和 v_x 的共同作用下，在荧光屏上显示 v_y 随时间变化的波形。

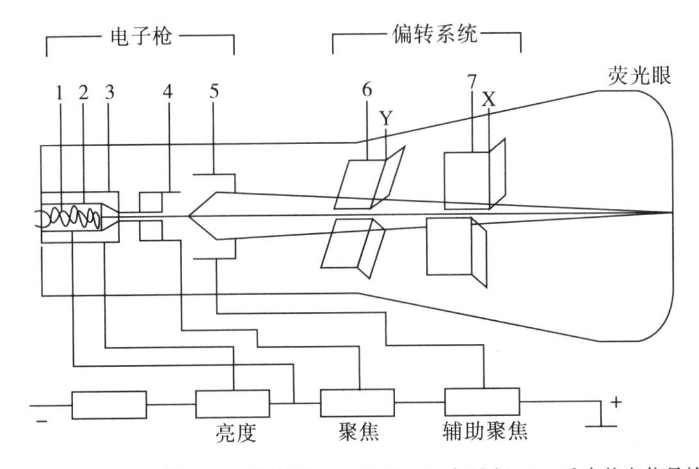

1—热电子发射器；2—阴极；3—控制栅；4—聚焦；5—加速板；6—垂直偏向信号输入；7—水平偏向信号输入；X—x 轴偏转板；Y—y 轴偏转板。

图 4-37　示波管结构示意图

3. 同步电路

为了观察到稳定的波形，只有当扫描电压的周期 T_x 与被测信号周期 T_y 保持整数倍的关系时，即 $T_y=nT_x$(其中 n 为整数 1、2、3…)，荧光屏上才会出现稳定的波形。当 T_y 稍小于 nT_x 时，波形向左移动；当 T_y 稍大于 nT_x 时，波形向右移动。为获得稳定的波形，可通过"扫描微调"来调节扫描电压，使 T_y 与 T_x 同步变化。由于输入的被测信号与示波器的内部锯齿波电压是相互独立的，受环境等诸多因素的影响，使得调好的电压漂移，故示波器内装有扫描同步装置，即把输入信号接入锯齿波发生器电路中，使扫描电压的扫描起点自动跟随被测信号改变，即同步。

4. 放大电路

为观察电压幅度不同的电信号波形，示波器内有放大器和衰减器，可将小信号放大，大信号衰减，使荧光屏显示适中的波形。

示波器能够正确显示各波形的特征，因而可用来监视各种信号及跟踪其变化规律。利用示波器还可将待测的波形与已知的波形进行比较，粗略测量波形的幅度、频率和相位等各种参量。

1)波形观测

将待测信号接“Y 输入”;“X 轴衰减”接“扫描”;“整步选择”接“内＋”或“内－”,即内部同步。这样屏上出现无规则的不稳定的波形,仔细调节使屏上出现 2 至 3 个完整波形,调整“步调节”和“扫描微调”稳定波形。

2)测电压

(1)利用输入偏转因数“V/cm”求交流电压的幅值。

(2)如示波器面板上有标准电压输出指示,可进行比较。

(3)测量交流信号的周期和频率。当 $T_y=nT_x$ 时,波形稳定,可读出周期 T。

(4)用利萨茹曲线测量正弦信号的频率值。当利萨茹曲线稳定时,图形水平、垂直切点数与两信号频率关系为 $f_y/f_x=n_x$(与水平线切点数目)$/n_y$(与垂直线切点数目)。

(5)测两个正弦信号的相位差。双踪示波法 $\Delta\Phi=2\pi\Delta T/T$;利萨茹曲线法 $\Phi=\arcsin B/A$。

四、实验内容及步骤

(1)了解示波器面板上各旋钮的作用、操作步骤及测交流信号振幅、频率、相位的方法。

(2)接通电源,使示波器预热 3 分钟,调出光点。

(3)调节聚焦和辅助聚焦至得到一小光点。

(4)关闭扫描速率开关,调节光点使其位于荧光屏中心位置。

(5)测试的电压接入垂直端,调节旋钮得到稳定的波形,记录面板数据。

(6)把两组电压通入示波器,可得利萨茹曲线,调节垂直、水平移位旋钮,使椭圆圆心在屏幕中心,测出椭圆形状和象限切点距离 A、B;记录当时的相移电阻 R,求出 $\Phi=\arcsin B/A$。

(7)通入 50 Hz 的正弦波,并由另一端通入低频正弦波,依次使 $f_1:f_2=3:1$;$f_1:f_2=3:2$;$f_1:f_2=5:2$。分别观察利萨茹曲线,计算 f 的计算值与指示值之差。

(8)完成实验,按要求完成实验报告册。

五、实验注意事项

(1)使用前示波器需预热 2～3 min。

(2)荧光屏上光点不宜太亮,以看见为准,避免由于光点全部打在荧光屏上同一点使屏烧坏。

(3)所有旋钮不可用力硬旋,以免使内部电子线路断路或短路。

(4)在波形测量时,一旦基准位置确定好,垂直移位旋钮就不能动了。

六、思考题

(1)若示波器扫描频率大于信号频率会出现什么情况?

(2)利用作图法说明扫描原理(信号为一正弦波)。

(3)简述示波器的用途。

实验 12　用电流场模拟静电场

静电场是静止电荷周围存在的一种特殊物质。在现代科研或生产中，常常需要确定带电体周围的电场分布情况，如对各种示波管、显像管、电子显微镜的电子枪等多种电子束管内电极形状的设计和研究，都需要了解各电极间的静电场分布。场分布的确定可通过计算和测量得到。但带电体形状一般较为复杂，大多难以找到其数学表达式，计算也很复杂。直接测量静电场需要复杂的设备和技术，因为静电场中无电流，对一般仪表不起作用，故大多数仪表不能用于静电场的直接测量。因此，常采用模拟的方法来观测静电场的分布。

模拟法本质上是用一种易于实现、便于测量的物理状态或过程模拟不易实现、不便测量的状态或过程。本实验利用稳恒电流场（与时间无关的场）来模拟静电场。

一、实验目的

（1）了解模拟实验法及其适用条件。

（2）加深对电场强度和电势概念的理解。

（3）应用模拟法测绘静电场的等势线和电场线。

（4）学习用图示法表达实验结果。

二、仪器用具

DC－A 型描绘仪（包括导电微晶、双层固定支架、同步探针）、交流毫伏表、低频信号发生器、气泡水准器、毫米方格纸（实验时务必带上）。

三、实验原理

为了克服直接测量静电场时的困难，我们可以仿造一个与待测静电场分布完全相似的电流场，用容易直接测量的电流场去模拟静电场。

静电场与稳恒电流场本是两种不同的场，但是它们之间在一定的条件下具有相似的空间分布，即两种场遵守的规律在形式上相似。它们都可以引入电势 U，电场强度 $\boldsymbol{E}=-\Delta U$，它们都遵守高斯定理。对于静电场，电场强度在无源区域内满足以下积分关系

$$\oint_S \boldsymbol{E}\cdot \mathrm{d}\boldsymbol{S}=0 \tag{4-45}$$

$$\oint_L \boldsymbol{E}\cdot \mathrm{d}\boldsymbol{L}=0 \tag{4-46}$$

对于稳恒电流场，电流密度矢量 $\boldsymbol{J}$ 在无源区域内也满足类似的积分关系

$$\oint_S \boldsymbol{J}\cdot \mathrm{d}\boldsymbol{S}=0 \tag{4-47}$$

$$\oint_L \boldsymbol{J}\cdot \mathrm{d}\boldsymbol{L}=0 \tag{4-48}$$

由此可见，$\boldsymbol{E}$ 和 $\boldsymbol{J}$ 在各自区域中满足同样的规律。如果稳恒电流场空间内均匀地充满了电导率为 ε 的不良导体，不良导体内的电场强度 $\boldsymbol{E}'$ 与电流密度矢量 $\boldsymbol{J}$ 之间遵循欧姆定律

$$\boldsymbol{J}=\varepsilon\boldsymbol{E}' \tag{4-49}$$

因而,$\boldsymbol{E}$ 和 $\boldsymbol{E}'$在各自的区域中也满足同样的数学规律。在相同边界条件下,由电动力学的理论可以证明:像这样具有相同边界条件的相同方程,其解也相同。因此我们可以用稳恒电流场来模拟静电场。也就是说,静电场的电场线和电势线与对应的稳恒电流场的电流密度矢量和等位线具有相似线的分布,所以测定出稳恒电流场和电位的分布也就求出了与它相似的静电场的电场分布。

下面用稳恒电流场模拟长直同轴圆柱形电缆的静电场。

利用稳恒电流场与相应的静电场在空间形式上的一致性,只要保证电极形状一定、电极电位不变、空间介质均匀,则在任何一个考察点均应有

$$U_{稳恒}=U_{静电} \tag{4-50}$$

或者

$$\boldsymbol{E}_{稳恒}=\boldsymbol{E}_{静电} \tag{4-51}$$

下面用同轴圆柱形电缆的静电场和相应的模拟场(稳恒电流场)来讨论这种等效性。如图 4-38(a)所示,在真空中有一半径为 r_a 的长圆柱形导体 A 和另外一个内径为 r_b的长圆桶形导体 B 同轴放置,分别带有等量异号电荷。由高斯定理可知,在垂直于轴线的任何一个截面 S 内,都有均匀分布的辐射状电场线,这是一个与坐标 Z 无关的二维场。在二维场中电场强度 $\boldsymbol{E}$ 平行于 XY 平面,其等位面为一簇同轴圆柱面。因此,只需研究任一垂直横截面上的电场分布即可。距离轴心 O 半径为 r 处(见图 4-38(b))的各点电场强度的大小为

$$E=\frac{\lambda}{2\pi\varepsilon_0 r} \tag{4-52}$$

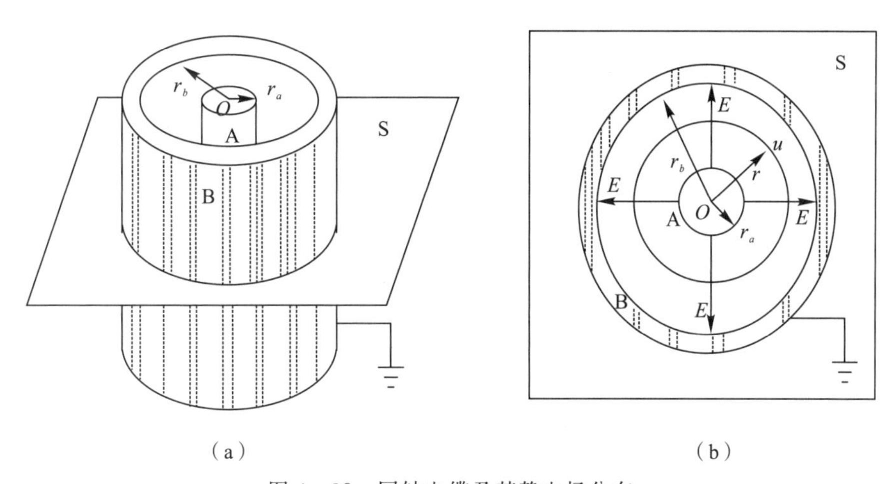

图 4-38　同轴电缆及其静电场分布

式中,λ 是 A 或 B 处的电荷线密度,其电位为

$$U_r=U_a-\int_{r_a}^{r}\boldsymbol{E}\cdot \mathrm{d}\boldsymbol{r}=U_a-\frac{\lambda}{2\pi\varepsilon_0}\ln\frac{r}{r_a} \tag{4-53}$$

当 $r=r_b$ 时 $U_b=0$,则有

$$\frac{\lambda}{2\pi\varepsilon_0}=\frac{U_a}{\ln\frac{r_b}{r_a}} \tag{4-54}$$

代入(4－53)式可得

$$U_r=U_a\cdot\frac{\ln\frac{r_b}{r}}{\ln\frac{r_b}{r_a}} \tag{4-55}$$

距离中心 r 处场强为

$$E_r=-\frac{\mathrm{d}U_r}{\mathrm{d}r}=\frac{U_a}{\ln\frac{r_b}{r_a}}\cdot\frac{1}{r} \tag{4-56}$$

如果上述圆柱形导体 A 与圆筒形导体 B 之间不是真空，而是均匀地充满了一种电导率为 ε 的不良导体，而且 A 和 B 分别与直流电源的正负极相连，如图 4－39 所示，则在 A、B 间将形成径向电流，建立起一个稳恒电流场 $\boldsymbol{E}'_r$。可以证明不良导体中的电场强度 $\boldsymbol{E}'_r$与真空中的静电场 $\boldsymbol{E}_r$ 是相同的。

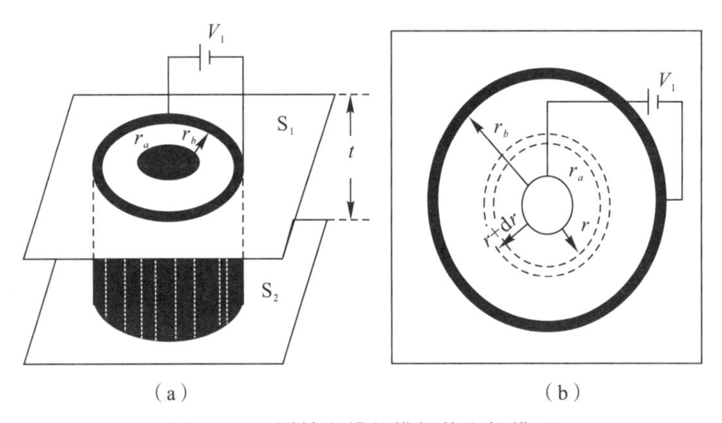

图 4－39　同轴电缆的模拟静电场模型

取厚度为 t 的圆柱形同轴不良导体片来研究，设材料的电阻率为 $\rho(\rho=1/\varepsilon)$，则从半径为 r 的圆周到半径为$(r+\mathrm{d}r)$的圆周之间的不良导体薄块的电阻为

$$\mathrm{d}R=\frac{\rho}{2\pi t}\cdot\frac{\mathrm{d}r}{r} \tag{4-57}$$

半径 r 到 r_b 之间的圆柱片电阻为

$$R_{r-r_b}=\frac{\rho}{2\pi t}\int_r^{r_b}\frac{\mathrm{d}r}{r}=\frac{\rho}{2\pi t}\ln\frac{r_b}{r} \tag{4-58}$$

由此可知，半径 r_a到 r_b之间圆柱片的电阻为

$$R_{r_a-r_b}=\frac{\rho}{2\pi t}\ln\frac{r_b}{r_a} \tag{4-59}$$

如果设 $U_b=0$，则径向电流为

$$I=\frac{U_a}{R_{r_a-r_b}}=\frac{2\pi tU_a}{\rho\ln\frac{r_b}{r_a}} \tag{4-60}$$

距离中心 r 处的电位为

$$U_r = IR_{r-r_b} = U_a \cdot \frac{\ln \dfrac{r_b}{r}}{\ln \dfrac{r_b}{r_a}} \tag{4-61}$$

则稳恒电流场的大小为

$$E'_r = -\frac{\mathrm{d}U_r'}{\mathrm{d}r} = \frac{U_a}{\ln \dfrac{r_b}{r_a}} \cdot \frac{1}{r} \tag{4-62}$$

从以上推导结果可见式(4－61)与式(4－62)具有相同的形式，说明稳恒电流场与静电场的电位分布函数完全相同，即柱面之间的电位 U_r 与 $\ln r$ 均为“直接关系”，并且 U_r/U_a 即相对电位仅是坐标的函数，与电场电位的绝对值无关。显而易见，稳恒电流的电场 $\boldsymbol{E}'$ 与静电场 $\boldsymbol{E}$ 的分布也是相同的，因为

$$\boldsymbol{E}' = -\frac{\mathrm{d}U'_r}{\mathrm{d}r} = -\frac{\mathrm{d}U_r}{\mathrm{d}r} - \boldsymbol{E} \tag{4 63}$$

实际上，并不是每种带电体的静电场及其模拟场的电位分布函数都能计算出来。只有在 ε 分布均匀而且几何形状对称规则的特殊带电体的场分布才能用理论严格计算。上面只是通过一个特例证明了用稳恒电流场模拟静电场的可行性。

为什么这两种场的分布相同呢？我们可以从电荷产生场的观点加以分析。在导电介质中没有电流通过时，其中任一体积元内(宏观小、微观大，即体内仍然包含大量原子)正、负电荷数量相等，没有净电荷，对外呈现电中性。当有电流通过时，单位时间内流入和流出该体积元内的正或负电荷的数量相等，净电荷为零，仍然呈电中性。因而整个导电介质内有电流通过时也不存在静电荷。这就是说，真空中的静电场和有稳恒电流通过时导电介质中的场都是由电极上的电荷产生的。事实上，真空中电极上的电荷是不动的，在有电流通过的导电介质中，电极上的电荷一边流失，一边由电源补充，在动态平衡下保持电荷的数量不变，所以这两种情况下电场分布是相同的。

四、模拟条件

模拟方法的使用有一定的条件和范围，不能随意推广，否则可能将会得到错误的结论。用稳恒电流场模拟静电场的条件可以归纳为以下三点：

(1)稳恒电流场中的电极形状应与被模拟的静电场中的带电体几何形状相同。

(2)稳恒电流场中的导电介质应是不良导体且电导率分布均匀，并满足 $\varepsilon_{电极} \gg \varepsilon_{导电质}$，才能保证电流场中的电极(良导体)的表面也近似是一个等势面。

(3)模拟所用电极系统与被模拟电极系统的边界条件相同。

五、静电场测绘方法

由式(4－63)可知，场强 $\boldsymbol{E}$ 在数值上等于电位梯度，方向指向电位降落的方向。考虑到电场强度 $\boldsymbol{E}$ 是个矢量，而电势 U 是个标量，从实验测量来讲，测静电势比测静场强容易实现，所以可以先测绘等势线，然后根据等势线与电场线正交的原理，画出电场线。这样就可以由等势线的间距确定电场线的疏密和指向，从而将抽象的电场形象地反映出来。

六、利用互易关系"直接"测绘电场线

用电流场模拟静电场，在相同的边界条件下两种场的电势分布完全相同。通过测静电流场的电势分布，就可得到静电场的电势分布，然后根据等势线和电场线正交的关系，即可画出电场线。是否可以直接绘出电场线呢？在电流场中，由于电荷沿着电场线的方向流动，即电流线在电场线的方向上，而电流线不能穿过导电微晶的边缘或切口，因而电流线必平行于导电微晶的边缘或切口，又垂直于电极表面。故电场线平行于导电微晶的边缘或切口，垂直于电极表面，而等势线与电场线垂直。由于导电微晶可以根据需要加工成任意形状，因而我们可以人为地制造边缘或切口，使其处在电场线方向。

如果在导电微晶(或电场线)边缘处用一个电极表面去代替它，而在电极表面(或等势线)用一个边缘去代替它，那么所得到的新的等势线的形状将是原电极时电场线的形状，而新的电场线即为原等势线。这个关系称为互易关系，实际上就是通过电极的变换，使电场线和等势线这两个相互正交的曲线族得到互换，使原来不能直接测定的电场线改变成可以直接测定的等势线。利用互易关系我们可以直接测绘电场线。在导电微晶上切割出半径分别为 r_1 和 r_2 的两个同心圆切口，再沿同心圆的任意半径方向制作出两个扇形电极，加上电压 U_1，如图4－40所示，就得到了同轴电缆模拟模型的互易装置。利用此互易装置描绘出的等势线即为原模型的辐射状电场线。

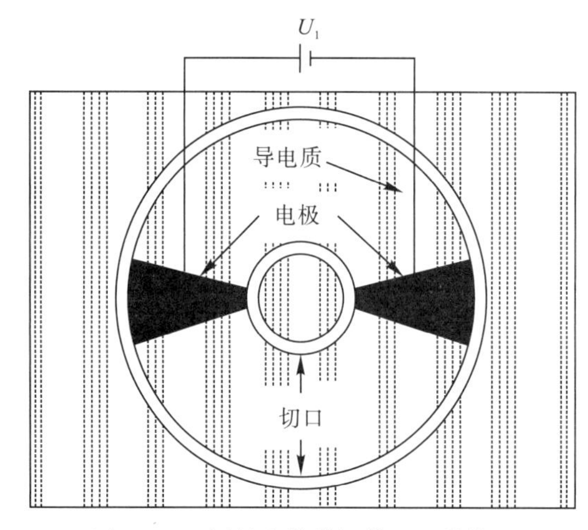

图 4－40　同轴电缆模拟模型互易装置

七、实验装置

DC－A 型描绘仪器(包括导电微晶、双层固定支架、同步探针等)如图 4－41 所示。支架采用双层结构，上层放记录纸，下层放导电微晶。电极已直接制作在导电微晶上，并且将电极引线接出到外接线柱上，电极间有电导率远小于电极且各向均匀的导电介质，接通直流电源就可以进行实验。在导电微晶和记录纸上各有一探针，通过金属探针把两个探针固定在同一手柄上，两个探针始终保持在同一铅垂线上。移动手柄座时，可以保证两探针的运动轨迹是一样的。由导电微晶上方的穿梭针找到待测点后，按一下记录纸上方的探针，在记录纸上留下一个对应的标记。移动同步探针在导电微晶上找出若干个电位相同的点，由此即可描绘出等位线。

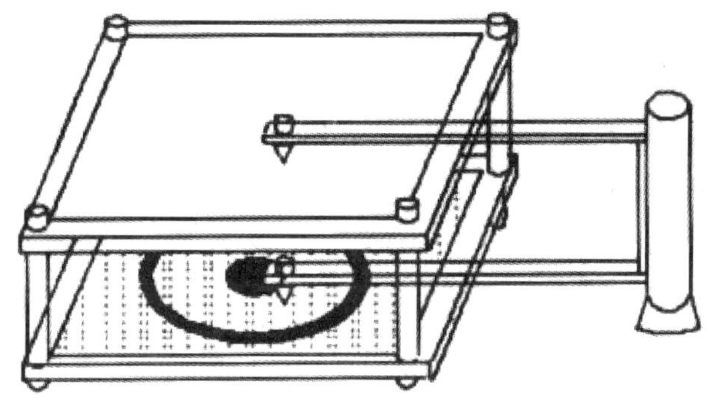

图 4 - 41　实验装置

八、实验内容

1. 描绘同轴电缆的静电场分布

根据图 4 - 38 所示的模拟模型，将导电微晶上内外两极分别与直流稳压电源的正、负极相连，电压表正、负极分别与同步探针及电源负极相连，移动同步探针，测绘同轴电缆的等位线簇。要求相邻两等位线间的电位差为 1 V，共测出 8 条等位线，每条等位线测定出 8 个均匀分布的点。以每条等位线上各点到原点的平均值 r 为半径画出等位线的同心圆簇，然后根据电场线与等位线正交的原理再画出电场线，并指出电场强度方向，得到一张完整的电场分布图。在坐标纸上作出相对电位 U_r/U_a 关系曲线，并与理论结果比较，再根据曲线的性质说明等位线是以内电极中心为圆心的同心圆。

2. 描绘聚集电极的电场分布

利用图 4 - 42 所示模拟模型，测绘阴极射线示波管内聚集电极间的电场分布。

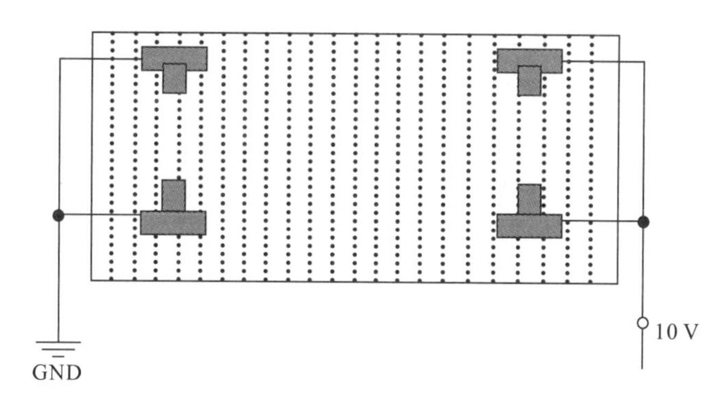

图 4 - 42　聚集电极模拟模型

要求测出 7～9 条等位线，相邻电位线间的电位差为 1 V。该场为非均匀场，等位线是一簇互不相交的曲线，每条等位线的测量点应取得密一些。画出电场线，可了解静电透镜聚焦场的分布特点和作用，加深对阴极射线示波管电聚焦原理的理解。

九、实验方法步骤

1. 接线

将 DC－A 型静电场测试仪的电源输出端两接线柱与导电微晶描绘仪(4 组中的待测 1 组)接线柱相连，将测试仪电源的输入、输出中黑色两接线柱相连，输入的红色接线柱和探针架上的红色接线柱相连，放好探针架，并使探针下探头置于导电微晶电极上，开启开关，指示灯亮，有数字显示。

2. 测量

调节 DC－A 型静电场测试仪电源前面板上的调节旋钮，使左边数显表显示所需的电压值，单位为伏，一般调到 10 V 即可，便于运算。然后移动探针架，右边的数显表示值随着运动而变化，从而测出每条等位线上的任何一个点。

3. 记录

实验报告都要有必要的数据记录，以备后面计算验证，对模拟法作进一步研究。在描绘架上铺平一张白纸，用橡胶磁条吸住，当表头显示的读数需要记录时，轻轻按下记录纸上的探针并在白纸上旋转一下即能清晰地记下黑色小点。一般所需记录电压由实验教师根据需要确定，为了实验图线清晰快捷，每条等位线记 8～10 个点，然后连接即可。

十、注意事项

(1)由于导电微晶边缘处电流只能沿着边缘流动，因此等位线必然与边缘垂直，使该处的等位线和电场线严重畸形变化，这就是用有限大的模拟模型来模拟无限大的空间电场时必然会受到的“边缘效应”的影响。如果要减小这种影响，则要使用“无限大”的导电微晶进行实验，或者人为地将导电微晶的边缘切割成电场线的形状。

(2)导电微晶边缘的表面电导率分布不是绝对均匀的，测出的等位线与理论上给出的结果会稍有偏差。

附：DC－A 型导电微晶静电场的主要性能及参数。

①银电极，烧结在导电微晶上，导电性能好。

②导电微晶表面电导率分布较均匀。

③供电电源为直流稳压电源，输出电压稳定可调，并具有过载自动保护能力，由数显表直接显示输出电压值，范围是 1.2～10 V。

④测量端是一高阻抗的数显电压表，量程为 10 mV。

实验 13　电子束的磁偏转与磁聚焦

在近代科学技术应用中，带电粒子在电场和磁场中的运动，是许多领域经常遇到的一种物理现象。示波器中用来显示电信号波形的示波管，电视机里显示图像的显像管等都属于电子束线管，虽然它们的型号和结构不完全相同，但都有产生电子束的系统和电子加速系统。为了使电子束在荧光屏上清晰成像，还要设聚焦、偏转和强度控制系统。对电子束的聚焦和偏转，可以利用电极形成的静电场实现，也可以用电流形成的恒磁场实现，前者称为电聚焦和电偏转(上次实验)，后者称为磁聚焦和磁偏转(本次实验)。随着科技的发展，利用静电场或恒磁场使电子束偏转、聚焦的原理和方法还被广泛地用于扫描电子显微镜、回旋加速器、质谱仪等许多仪器、设备中。

一、实验目的

(1)学习示波管中电子束的磁偏转及磁聚焦原理，观察电子束在磁场中偏转和聚焦现象，加深对电子束在磁场中运动规律的认识。

(2)测定示波管磁偏转系统的灵敏度。

(3)通过磁聚焦原理测量电子的荷质比。

二、实验仪器

DH4521 电子束测试仪。

三、实验原理

1. 电子束实验仪的结构原理

电子束实验仪(电子射线示波管)包括抽成真空的玻璃外壳、电子枪、偏转系统与荧光屏四个部分，其工作原理与示波管相同，结构如图 4－43 所示。

1)电子枪

如图 4－43 所示，当加热电流通过灯丝时，阴极 K 被加热并发射电子，栅极 G 加上相对于阴极为负的电压，调节栅极电压的大小，可以控制阴极发射电子的多少，即控制光点的亮度。电极 G 与 A_2 联在一起，两者相对于 K 有约几百伏到几千伏的正电压。它产生了一个很强的电场使电子沿电子枪轴线方向加速，因此电极 A_2 对 K 的电压又称加速电压，用 U_2 表示。而电极 A_1 对 K 的电压 U_1 则与 U_2 不同。由于 K 与 A_1、A_1、A_2 之间电势不相等，因此使电子束在电极筒内的纵向速度和横向速度发生改变，适当调整 U_1 和 U_2 的电压比例，可使电子束聚焦成很细的一束电子流，使其打在荧光屏上形成很小的一个光斑。电子束聚焦程度的好坏主要取决于 U_1 和 U_2 的大小与比例。

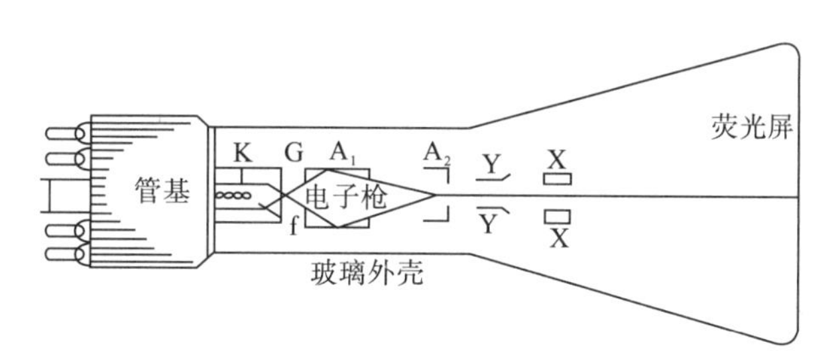

A_1—第一阳极；A_2—第二阳极；f—灯丝；G—栅极；K—阴极；X、Y—偏转转板。

图 4－43　电子射线示波管

2)偏转系统

偏转系统由电偏转系统和磁偏转系统组成。电偏转系统由一对竖直偏转板和一对水平偏转板组成，每对偏转板由两块平行板组成，每对偏转板之间都可以加电势差，使电子束向侧面偏转。磁偏转系统是由两个螺线管形成的。

3)荧光屏

荧光屏是内表面涂有荧光粉的玻璃屏,受到电子束的轰击会发出可见光,显示出一个小光点。

2. 电子束的磁偏转原理

电子束运动遇外加横向磁场时,在洛仑兹力作用下要发生偏转。如图 4-44 所示,设实线方框内有匀强磁场,磁感强度的方向与纸面垂直指向读者,方框外磁场为零。

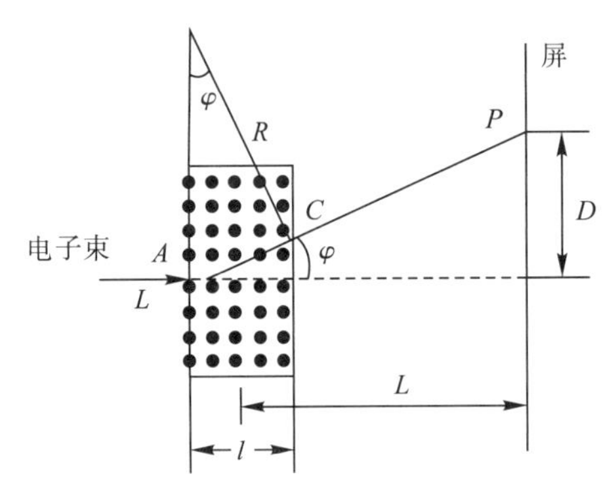

图 4-44 电子束的磁偏转

电子以速度 v_z 垂直进入磁场 $\boldsymbol{B}$ 中,受洛仑兹力 $\boldsymbol{F}$ 作用,在磁场区域内做匀速圆周运动,半径为 R。电子沿弧 AC 穿出磁场区后,沿 C 点的切线方向做匀速直线运动,最后打在荧光屏的 P 点。磁场之前,其加速的电压为 U_2,有

$$\mathrm{e}U_2=\frac{1}{2}mv_z^2 \tag{4-64}$$

式中,e 为电子的电量,m 为电子的质量。该式忽略电子离开阴极 K 时的初动能,电子以速度 v_z 垂直进入磁场 $\boldsymbol{B}$ 后,其所受的洛仑兹力

$$\boldsymbol{F}=\mathrm{e}v_z\boldsymbol{B} \tag{4-65}$$

根据牛顿运动第二定律,有 $$\mathrm{e}v_zB=m\frac{v_z^2}{R}\Rightarrow R=\frac{mv_z}{\mathrm{e}B} \tag{4-66}$$

在偏转角较小的情况下,近似有 $$\tan\varphi\approx\frac{l}{R}=\frac{D}{L} \tag{4-67}$$

由此可得偏转量 D 与外加磁场 $\boldsymbol{B}$、加速电压 U_2 的关系为

$$D=lBL\sqrt{\frac{\mathrm{e}}{2mU_2}} \tag{4-68}$$

如果磁场是由螺线管产生的,如图 4-45 所示,因为螺线管内的 $B=\mu_0nI$,其中 n 是单位长度线圈的匝数,I 是通过线圈的电流,所以

$$D=\mu_0nIlL\sqrt{\frac{\mathrm{e}}{2mU_2}}\Rightarrow S_{\mathrm{m}}=\frac{D}{I}=\mu_0nlL\sqrt{\frac{\mathrm{e}}{2mU_2}} \tag{4-69}$$

式中,S_{m} 称为磁偏灵敏度,也是一个与偏转系统几何尺寸有关的常量,反映了磁偏转系统灵敏度的高低。在国际单位制中,磁偏转灵敏度的单位为米每安培,记为 $\mathrm{m}\cdot\mathrm{A}^{-1}$。可见位移 D 与磁场电流 I 成正比,而与加速电压的平方根成反比,这与静电场的情况不同。

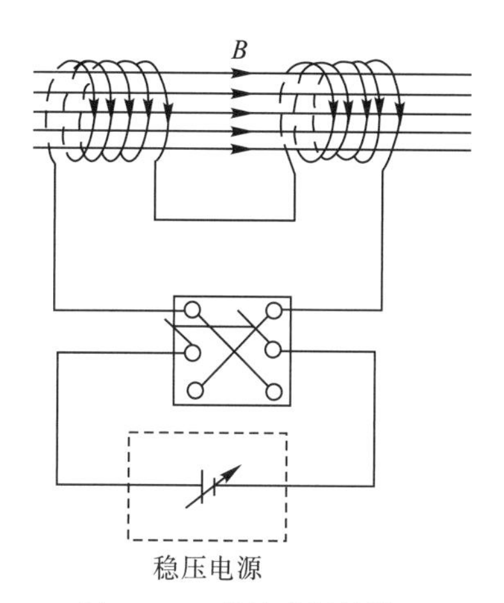

图 4-45 偏转磁场的设置

3. 电子束的磁聚焦及荷质比测定原理

在示波管外面套一个同轴的螺线管，当给螺线管通以稳恒直流电时，其内部形成一个轴向磁场。置于长直螺线管中的示波管，在不受任何偏转电压的情况下，示波管正常工作时，调节亮度和聚焦，可在荧光屏上得到一个小亮点。若第二阳极 A_2 的电压为 U_2，则电子的轴向运动速度为

$$v_z=\sqrt{\frac{2eU_2}{m}} \tag{4-70}$$

当给其中一对偏转板加上交变电压时，电子将获得垂直于轴向的分速度 v_r，此时荧光屏上便出现一条直线，随后给长直螺线管通一直流电流 I，于是螺线管内便产生磁场(若螺线管足够长，则可认为内部为匀强磁场)，其磁感应强度用 $\boldsymbol{B}$ 表示。洛伦磁力使电子在垂直于磁场(即垂直于示波管轴)的平面内做圆周运动，如图 4-46，设其圆周运动的半径为 R，则有

$$ev_rB=m\frac{v_r^2}{R}\Rightarrow R=\frac{mv_r}{eB} \tag{4-71}$$

圆周运动的周期为

$$T=\frac{2\pi R}{v_r}=\frac{2\pi m}{eB} \tag{4-72}$$

电子既在轴线方向以速度 v_z 做匀速直线运动，又在垂直于轴线的平面内做匀速圆周运动，如图 4-47 所示，它的轨道是一条螺旋线，其螺距用 h 表示，则有

$$h=v_zT=\frac{2\pi}{B}\sqrt{\frac{2mU_2}{e}} \tag{4-73}$$

从式(4-72)、(4-73)可以看出，电子运动的周期和螺距均与 v_r 无关。虽然各个电子的径向速度不同，但由于轴向速度相同，由一点出发的电子束经过一个周期以后，它们又会在距离出发点相距一个螺距的地方重新相遇，这就是磁聚焦的基本原理。由式(4-73)可得

$$\frac{e}{m}=\frac{8\pi^2U_2}{h^2B} \tag{4-74}$$

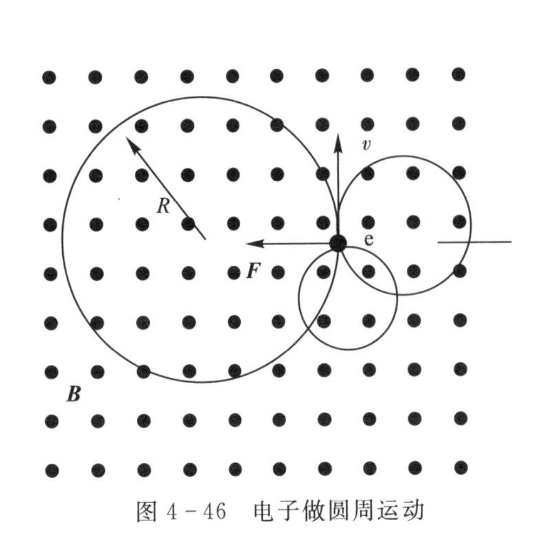

图 4-46　电子做圆周运动

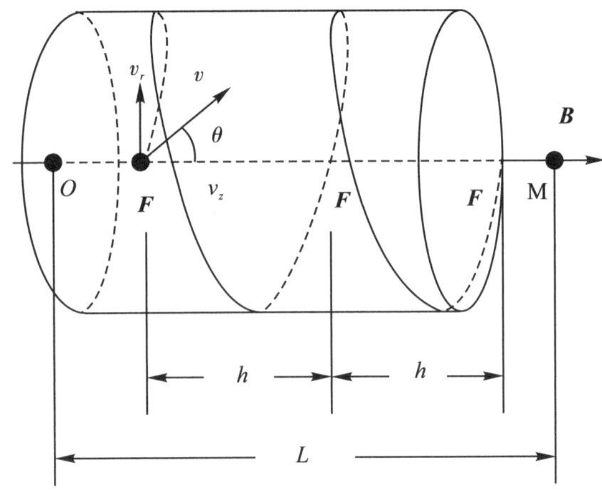

图 4-47　电子做螺旋运动

长直螺线管的磁感应强度 **B** 的大小，可以由下式计算

$$B=\frac{\mu_0 NI}{\sqrt{L^2+D_0^2}} \tag{4-75}$$

式中，螺丝管内的线圈匝数 $N=535\pm1$（具体以螺线管上标注为准）；螺线管的长度 $L=0.235$ m；螺线管的直径 $D_0=0.092$ m；螺距（Y 偏转板至荧光屏距离）$h=0.135$ m；I 为通过螺线管的励磁电流，可以从电子束实验仪上读出；$\mu_0=4\pi\times10^{-7}$ H/m$=1.257\times10^{-6}$ H/m。

将式（4-75）代入式（4-74），可得电子荷质比为

$$e/m=8\pi^2U_2(L^2+D_0^2)/(\mu_0{}^2N^2h^2I^2) \tag{4-76}$$

四、实验内容及步骤

1. 电子束的磁偏转

依照图 4-48 完成以下步骤。

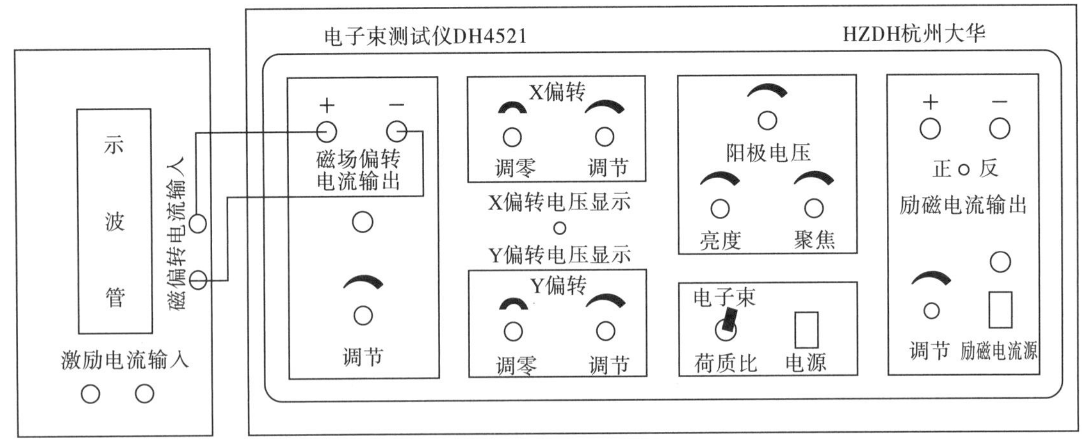

图 4-48　磁偏转实验线路图

（1）开启电源开关，将“电子束-荷质比”选择开关打向“电子束”位置，适当调节亮度，并调节聚焦，使屏上光点聚成一细点。（注意：光点不能太亮，以免烧坏荧光屏）

(2)光点调零,将面板上旋钮开关打向 X 偏转电压显示,调节“X 调节”旋钮,使电压表的指针在零位,再调节 X 调零旋钮,使光点位于示波管垂直中线上;同 X 调零一样,将面板上旋钮开关打向 Y 偏转电压显示,将 Y 调节后,光点位于示波管的中心原点。

(3)测量偏转量 D 随磁偏转电流 I 的变化。给定 U_2,将磁偏转电流输出与磁偏转电流输入相连,调节磁偏转电流调节旋钮(改变磁偏转线圈电流的大小),测量一组 D 值。改变磁偏转电流方向,再测一组 $D-I$ 值。改变 U_2,再测两组 $D-I$ 数据。(U_2 的范围为 600～1000 V)。通过换向开关改变磁偏转电流方向,再次实验。

(4)记录实验数据,做 $D-I$ 图,用图解法测得磁偏转灵敏度 S_m,并解释为什么 U_2 不同,S_m 不同。

2. 磁聚焦和电子荷质比测量

依照图 4-49 完成以下步骤。

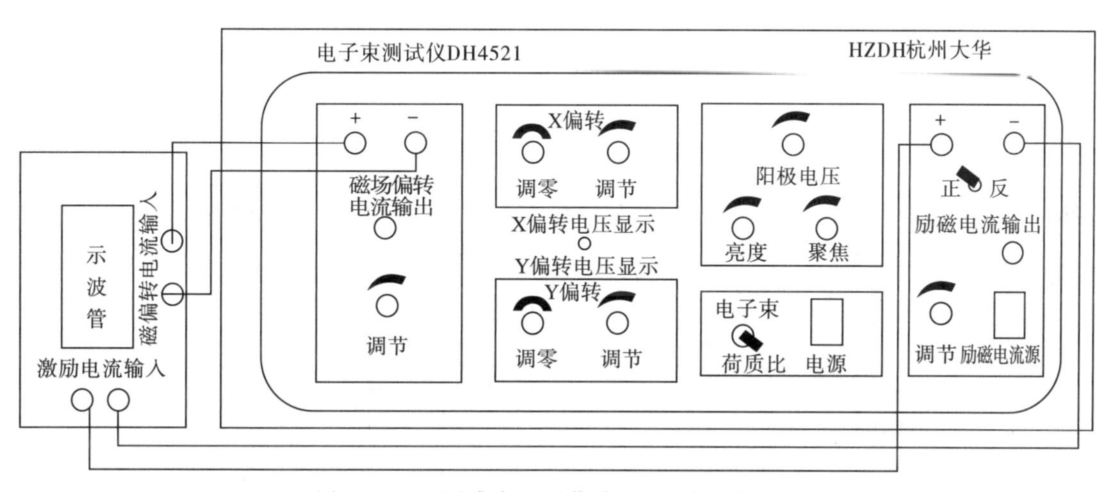

图 4-49　磁聚集与电子荷质比测量实验线路图

(1)开启电源开关,将“电子束-荷质比”选择开关打向“荷质比”方向,此时荧光屏上出现一条直线,阳极电压调到 700 V。

(2)将励磁电流部分的调节旋钮沿逆时针方向调节到头,并将励磁电流输出与励磁电流输入相连(螺线管)。

(3)将电流换向开关打向正向,调节输出调节旋钮,逐渐加大电流使荧光屏上的直线一边旋转一边缩短,直到出现第一个小光点,读取此时对应的电流值 $I_{正}$,然后将电流调为零。再将电流换向开关打向反向(改变螺线管中磁场方向),重新从零开始增加电流,使屏上的直线反方向旋转并缩短,直到再得到一个小光点,读取此时电流值 $I_{反}$。(调节过程中,光点亮度会增加,注意将亮度调暗,以免烧坏仪器)

(4)改变阳极电压为 800 V,重复步骤 3,直到阳极电压调到 1000 V 为止。

(5)记录实验数据,通过式(4-76),计算出电子荷质比 e/m,并与标准值比较。

五、实验数据记录、实验结果计算(见表 4-19、表 4-20)

表 4-19 电子束的磁偏转

D/mm	−25	−20	−15	−10	−5	0	5	10	15	20	25
I/mA(U_2=600 V)											
I/mA(U_2=700 V)											

作 $D-I$ 的关系图,用图解法测得磁偏转灵敏度。

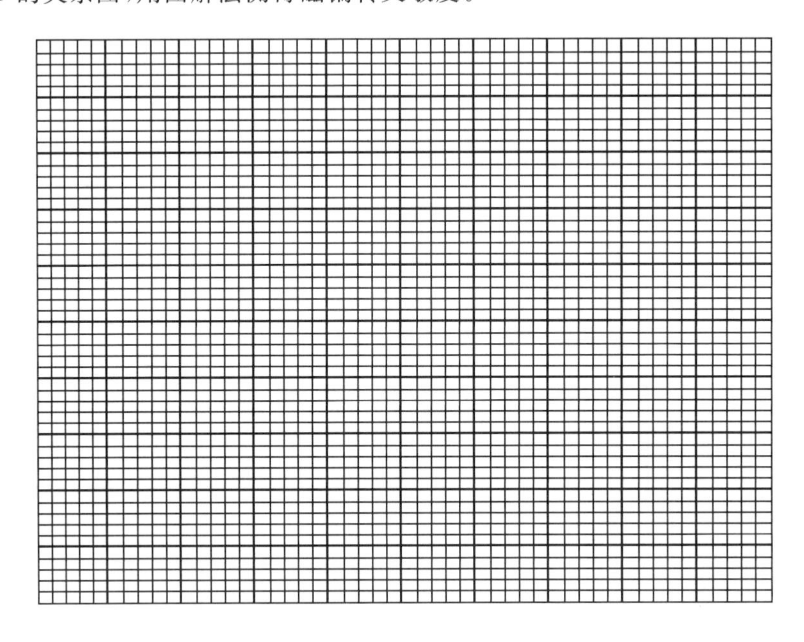

当 U_2=700 V 时:S_m=________ m/A;U_2=600 V 时:S_m=________ m/A。

表 4-20 磁聚焦和电子荷质比测量

励磁电流	阳极电压/V			
	700	800	900	1000
$I_{正}$/A				
$I_{反}$/A				
$I_{平均}$/A				
荷质比$\frac{e}{m}$(C·kg^{-1})				
标准值$\frac{e}{m}$/(C·kg^{-1})				
相对误差				

六、实验注意事项

(1)在实验过程中,光点不能太亮,以免烧坏荧光屏。

(2)改变阳极电压 U_2 后，亮点的亮度会改变，应重新调节亮度，勿使亮点过亮，一则容易损坏荧光屏，二则亮点过亮时，聚焦好坏也不易判断。调节亮度后，阳极电压值有变化，再调到规定的电压值即可。

(3)在改变螺线管励磁电流方向或磁偏转电流方向时，应先将电流调到最小后再换向。

(4)仪器应南北方向放置以减小地磁场对测量精度的影响。

(5)切勿在通电的情况下拆卸面板对电路进行查看或维修。机箱内有高压，防止触电。

(6)不要将磁感线圈长时间停留在大电流工作，以免烧坏线圈。

实验 14　霍尔效应及其应用

1879 年，美国普多金斯大学的研究生霍尔，在研究载流导体在磁场中的受力性质时发现，当一电流垂直于外磁场方向流过导体时，在垂直于电流和磁场方向，导体的两侧会产生电势差，这种现象称为霍尔效应，所产生的电势差称为霍尔电压。由于半导体的霍尔效应比较明显，因此随着半导体物理学的发展，霍尔效应的应用更加广泛。目前使用的半导体材料主要有 CaAs、InSb、Ge 等，用它们制成的霍尔传感器(霍尔元件)，在很多种电学仪器上使用。利用霍尔效应可以测量某点或缝隙中的磁场；可以测量半导体中载流子迁移率和浓度，以及判别材料的导电类型；可以测量电流、加速度等；还可以制作磁读头、磁罗盘和单向传递信息的隔离器。近年来发现和研究的量子霍尔效应，又使其应用进一步拓宽。

在磁场、磁路等磁现象的研究和应用中，霍尔效应及其原件是不可缺少的，利用它观测磁场直观、干扰小、灵敏度高、效果显著。

一、实验目的

(1)了解霍尔效应的原理及霍尔元件有关参数的含义和作用。

(2)测绘霍尔元件的 $V_H - I_s$、$V_H - I_M$ 曲线，了解霍尔电势差 V_H 与霍尔元件工作电流 I_s、磁感应强度 $\boldsymbol{B}$ 及励磁电流 I_M 之间的关系。

(3)学习利用霍尔效应测量磁感应强度 $\boldsymbol{B}$ 及其分布的方法。

(4)学习运用对称交换测量法消除负效应产生的系统误差。

二、实验仪器

DH4512 系列霍尔效应实验仪 1 台、实验架 1 副、交流电源线 1 根、专用控制插座线 1 根、测试线 6 根。

三、实验原理

如图 4－50 所示为一个由 N 型半导体材料制成的霍尔元件，其四个侧面各焊有接线柱 1、2、3、4。

从本质上讲，霍尔效应是运动的带电粒子在磁场中受到洛伦兹力的作用而引起的偏转。当带电粒子(电子或空穴)被约束在固体材料中时，这种偏转就导致在垂直于电流和磁场的方向上产生正、负电荷在不同侧的聚积，从而形成附加的横向电场，如图 4－50 所示。磁场 $\boldsymbol{B}$ 朝向 z 轴的正方向，与之垂直的半导体薄片上沿 x 轴正向通有电流 I_s(称为工作电流)，假设载流子为电子，它沿着与电流 I_s 相反的方向（x 轴负向）运动。

由于洛伦兹力 f_L 的作用，电子向图中 y 轴的负向偏转，使得标有“2”的这一侧形成电子积累，而相对的“1”这一侧形成了正电荷积累。与此同时，运动的电子还受到由于两种积累的异种电荷形成的附加电场而产生的反向电场力 f_E 的作用，随着电荷积累的不断增加，f_E 也不断增大。当对电子的两种力大小相等时有：$f_L=-f_E$，这时两侧的电子积累达到动态的平衡。这时在“1、2”两端面之间建立的这个附加电场称为霍尔电场，记为 $\boldsymbol{E}_H$，相应的电势差称为霍尔电势，记为 V_H。

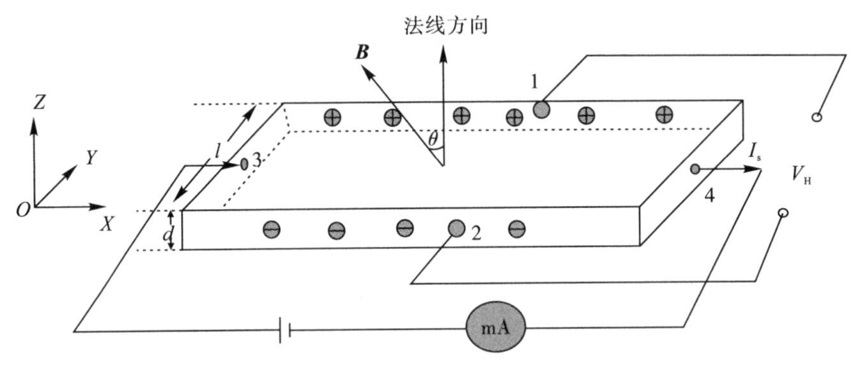

图 4-50 霍尔效应示意图

假设电子按均匀的速度 $\bar{v}$ 沿着 x 轴负向运动，在磁场 $\boldsymbol{B}$ 的作用下，电子所受洛伦兹力大小为

$$f_L=-\mathrm{e}\bar{v}B \tag{4-77}$$

式中，e 为电子所带电量；$\bar{v}$ 是电子流动的平均速度；B 是磁场的磁感应强度大小。同时，电子受到的霍尔电场的作用力为

$$f_E=-\mathrm{e}E_H=-\frac{\mathrm{e}V_H}{l} \tag{4-78}$$

式中，E_H 为霍尔电场强度；V_H 为霍尔电势差；l 是霍尔原件的宽度。当达到动态平衡时

$$f_L=-f_E$$

即

$$\bar{v}B=\frac{V_H}{l} \tag{4-79}$$

假设霍尔元件的厚度为 d，载流子浓度 n，则霍尔元件的工作电流为

$$I_s=n\mathrm{e}\bar{v}ld \tag{4-80}$$

式(4-79)、(4-80)联立可得

$$V_H=E_H\cdot l=\frac{1}{n\mathrm{e}}\frac{I_sB}{d}=R_H\cdot\frac{I_sB}{d} \tag{4-81}$$

从式(4-81)可以看出，霍尔电压 V_H 与 I_s 和 B 的乘积成正比，与霍尔元件的厚度 d 成反比。比例系数 R_H 称为霍尔系数（严格地说，对于半导体材料，在弱磁场下应引入一个修正因子 A，$A=\frac{3\pi}{8}$，从而有 $R_H=\frac{3\pi}{8n\mathrm{e}}$），它是反映某种材料霍尔效应强弱的重要参数，根据材料的电导率

$\sigma=ne\mu$的关系，还可以得到

$$R_H=\frac{\mu}{\sigma}=\mu p \text{ 或 } \mu=|R_H|\sigma \tag{4-82}$$

式中，μ 为载流子的迁移率，即单位电场下载流子的运动速度，一般电子的迁移率大于空穴的迁移率，因此制作霍尔元件时大多采用 N 型半导体材料。

当霍尔元件的材料和厚度确定时，设

$$K_H=\frac{R_H}{d}=\frac{l}{ned} \tag{4-83}$$

将式(4－83)代入式(4－81)可得

$$V_H=K_H I_s B \tag{4-84}$$

式中，K_H 为元件的灵敏度，表示霍尔元件在单位磁感应强度和单位控制电流下的霍尔电势大小，单位是 mV/(mA·T)，一般要求 K_H 越大越好。由于金属的载流子浓度 n 很高，所以它的 R_H 和 K_H 都不大，因此金属不适宜作霍尔元件。此外，霍尔元件的厚度 d 越小，K_H 就越大，所以在制作霍尔元件时，往往还采用减小 d 的方法来增加霍尔元件的灵敏度，但是不能认为 d 越小就越好。因为在减小 d 的同时霍尔元件的输入和输出电阻将会增加，这对霍尔元件来说是不利的。本实验采用的霍尔元件的厚度为 0.2 mm，宽度为 1.5 mm，长度为 1.5 mm。

应当注意：当磁感应强度 **B** 和元件平面法线成一角度时(如图 4－51 所示)，作用在元件上的有效磁场是其法线方向上的分量 $B\cos\theta$，这时有

$$V_H=K_H I_s B\cos\theta \tag{4-85}$$

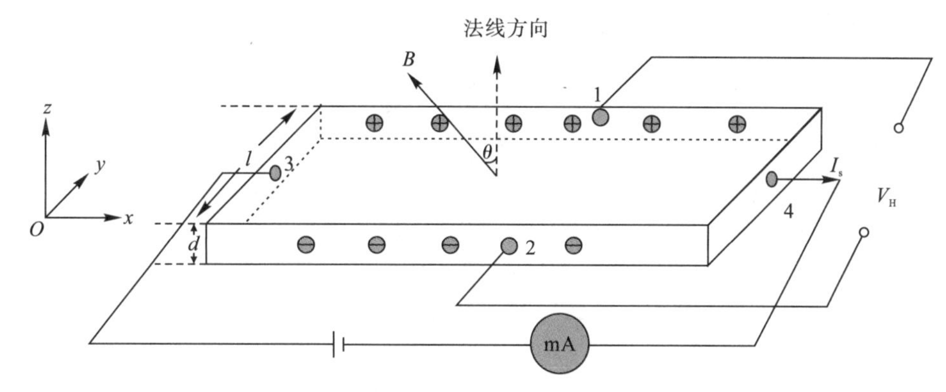

图 4－51　霍尔元件与磁场夹角关系图

一般在使用时应调整元件两平面的方位，使得 V_H 达到最大，即 $\theta=0$，这时有

$$V_H=K_H I_s B\cos\theta=K_H I_s B \tag{4-86}$$

由式(4－86)可知，当工作电流 I_s 或磁感应强度 **B** 两者之一改变方向时，霍尔电势 V_H 的大小也随之改变；若两者方向同时改变，则霍尔电势 V_H 的极性不变。

霍尔元件测量磁场的基本电路如图 4－52 所示，将霍尔元件置于待测磁场的相应位置，并使元件平面与磁感应强度 **B** 的方向垂直，在其控制端输入恒定的工作

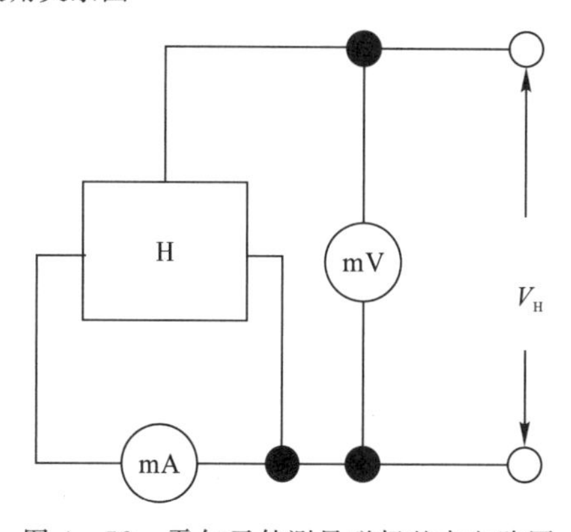

图 4－52　霍尔元件测量磁场基本电路图

电流 I_s，霍尔元件的霍尔电势输出端接毫伏表，测量霍尔电势 V_H 的值。

四、实验方法与步骤

1. 将 DH4512 型霍尔效应测试仪与 DH4512 型霍尔效应实验架正确连接

(1)将 DH4512 型霍尔效应测试仪面板右下方的励磁电流 I_M 的直流恒流源的输出端(0～0.5 A)接 DH4512 型霍尔效应实验架上的 I_M 磁场励磁电流的输入端(将红色接线柱与红色接线柱对应相连，黑色接线柱与黑色接线柱相连)。

(2)“测试仪”左下方供给霍尔元件工作电流 I_s 的直流恒流源(0～3 mA)输出端接实验架上 I_s 霍尔片工作电流输入端(同样，红色接线柱接红色接线柱，黑色接线柱接黑色接线柱)。

(3)测试仪 V_H、V_σ 测量端接实验架中部的 V_H、V_σ 输出端。

(特别注意：以上三组线千万不能接错，以免烧坏元件)

(4)用一边是分开的接线插、一边是双芯插头的控制连接线与测试仪背部的插孔相连接(同样，红色插头与红色插座相连，黑色插头与黑色插座相连)。

2. 研究霍尔效应与霍尔元件特性实验

(1)测量霍尔元件的零位(不等位)电势 V_0 和不等位电阻 R_0。

(2)将试验仪和测试架的转换开关切换至 V_H，用连接线将中间的霍尔电压输入端短接，调节调零旋钮使得电压表显示为 0 mV。

(3)将 I_M 电流调节到最小。

(4)再调节霍尔工作电流 $I_s=3.00$ mA，利用 I_s 换向开关改变霍尔工作电流输入方向，分别测出零位霍尔电压 V_{01}、V_{02}，并计算不等位电阻

$$R_{01}=\frac{V_{01}}{I_s},R_{02}=\frac{V_{02}}{I_s} \tag{4-87}$$

3. 测量霍尔电压 V_H 与工作电流 I_s 的关系

(1)将 I_s、I_M 都调零，调节中间的霍尔电压表，使其显示为 0 mV。

(2)将霍尔元件移到线圈中心，调节 $I_s=0.5$ mA、$I_M=500$ mA，按表中 I_s、I_M 的正、负情况切换实验架上的方向，分别测量霍尔电压 V_H 的值(V_1、V_2、V_3、V_4)，填入表 4-21。以后 I_s 每次递增 0.5 mA，测量各次对应的 V_1、V_2、V_3、V_4 值。根据以上数据画出 I_s-V_H 曲线，验证线性关系。

表 4-21　V_H-I_S 曲线数据($I_M=500$ mA)

I_s/mA	V_1/mV	V_2/mV	V_3/mV	V_4/mV	$V_H=\frac{V_1-V_2+V_3-V_4}{4}$/mV		
	$+I_s$、$+I_M$	$+I_s$、$-I_M$	$-I_s$、$-I_M$	$-I_s$、$+I_M$			
0.50							
1.00							
1.50							
2.00							
2.50							
3.00							

4. 测量霍尔电压 V_H 与励磁电流 I_M 的关系

(1)先将 I_s、I_M 调零,调节 I_s 至 3.00 mA;

(2)分别调节 $I_M=100,150,200,\cdots,500$ mA(间隔均为 50 mA),分别测量霍尔电压 V_H 的值并填入表 4-22 中对应的位置。

(3)根据表 4-22 中的数据,绘出 V_H-I_M 关系曲线,验证线性关系的范围。分析当 I_M 达到一定值后,曲线 V_H-I_M 斜率变化的原因。

表 4-22　V_H-I_M 关系数据($I_s=3.00$ mA)

I_M/mA	V_1/mV	V_2/mV	V_3/mV	V_4/mV	$V_H=\frac{V_1-V_2+V_3-V_4}{4}$/mV		
	$+I_s$、$+I_M$	$+I_s$、$-I_M$	$-I_s$、$-I_M$	$-I_s$、$+I_M$			
100							
150							
200							
300							
400							
500							

5. 计算霍尔元件的灵敏度

如果已知磁感应强度 $\boldsymbol{B}$,根据式(4-87)可知

$$K_H=\frac{V_H}{I_s B} \tag{4-88}$$

本实验采用的双圆线圈(DH4512. DH4512A)的励磁电流与总的磁感应强度对应表见表 4-23。

表 4-23　双圆线圈的励磁电流与总磁感应强度对应表

电流值 I/A	0.1	0.2	0.3	0.4	0.5
中心磁感应强度 $\boldsymbol{B}$/mT	2.25	4.50	6.75	9.00	11.25

使用螺线管做霍尔效应实验时,螺线管中心磁感应强度的大小为

$$B=\frac{\mu_0 nIL}{(R^2+L^2)^{\frac{1}{2}}}$$

6. 测量通电圆线圈中磁感应强度 $\boldsymbol{B}$ 的分布

(1)实验时,先将试验仪和测试架的转换开关切换到 V_H。

(2)将 I_M、I_s 调零,再调节中间的霍尔电压表,使其显示值为 0 mV。

(3)将霍尔元件置于通电圆线圈中心,调节 $I_M=500$ mA,$I_s=3.00$ mA,测量相应的霍尔电压 V_H。

(4)将霍尔元件从中心向边缘移动,每隔 5 mm 选一个点,测出相应的霍尔电压 V_H,填入表 4-24。

(5)根据以上测得的 V_H 值,由式(4-88)可得

$$B=\frac{V_H}{K_H I_s}$$

计算出各点的磁感应强度，并绘出 $B-X$ 图，得到通电圆线圈内 B 的分布。

表 4-24　V_H-X 数据表($I_M=500$ mA，$I_s=3.00$ mA)

X/mm	V_1/mV	V_2/mV	V_3/mV	V_4/mV	$V_H=\frac{V_1-V_2+V_3-V_4}{4}$/mV		
	$+I_s$、$+I_M$	$+I_s$、$-I_M$	$-I_s$、$-I_M$	$-I_s$、$+I_M$			
0							
5							
10							
15							
20							

五、思考题

分析并讨论该试验都有哪些系统误差，应如何消除？

4.3　光学实验

实验 15　等厚干涉实验

干涉现象是波动独有的特征。当两束相干光(频率相同、振动方向相同、相位差恒定)在空间相遇时发生叠加，在某些区域合成光波的光强始终得到加强，某些区域合成光波的光强始终相减，从而在相遇的区城内出现明暗相间的条纹，这种现象称为光的干涉。光的干涉现象是光的波动性最直接、最有力的实验证据。生活中能见到的诸如五颜六色的肥皂泡、阳光下水面上油膜的颜色、蝴蝶和孔雀身上的颜色等，都是光的干涉的直接结果。

要观察光的干涉图像，必须获得相干光。目前一般有两种获得相干光的方法——分波阵面法和分振幅法。最典型的分振幅干涉装置是薄膜干涉，其利用透明薄膜的上、下表面对入射光进行反射、折射，将入射能量(也可以说振幅)分成若干部分，然后在空间相遇形成干涉现象。薄膜干涉一般分为等厚干涉和等倾干涉。等厚干涉是由平行光入射到厚度变化均匀、折射率均匀的薄膜上、下表面而形成的干涉条纹。同一级干涉条纹总是由薄膜厚度相同的地方形成，故称等厚干涉。牛顿环和劈形薄膜干涉都属于等厚干涉。等倾干涉是由于入射角相同的光经厚度均匀薄膜两表面反射形成的反射光在相遇点有相同的光程差，形成同一级条纹，这种干涉称为等倾干涉。故这些入射角不同的光经薄膜反射所形成的干涉图样是一些明暗相间的同心圆环。本书中的迈克尔逊干涉仪实验中形成的干涉条纹就是典型的等倾干涉。

牛顿环和劈尖都是典型的薄膜干涉，它们是由同一光源发出的光，分别经过牛顿环或劈尖装置所形成的空气膜上、下表面反射后产生两束相干光，在空气膜上表面相遇产生干涉现象。由于干涉条纹的级次由薄膜厚度决定，相同厚度的薄膜处干涉条纹级次相同，所以称为等厚干涉。

等厚干涉现象在科学研究和工业技术上应用广泛，如测量光波的波长，精确地测量长度、厚度、角度、检验试件表面的光洁度，研究机械零件内应力的分布以及在半导体中测量硅片上氧化层的厚度等。

一、实验目的

(1)观察等厚干涉现象，掌握并了解等厚干涉的原理和特点。

(2)学会用牛顿环测量透镜的曲率半径，用劈尖干涉测量薄片厚度。

(3)掌握如何用逐差法处理数据。

(4)学会正确使用测量显微镜。

二、实验仪器

读数显微镜、钠光灯、牛顿环装置、劈尖装置。

三、实验原理

如图 4－53 所示，设某光线(标记为光线 1)垂直射入厚度为 e 的空气薄膜上，在上表面 a 和下表面 b 处依次反射，产生光线 2 和 2′，这两束光线在空气薄膜上表面相遇，发生干涉。

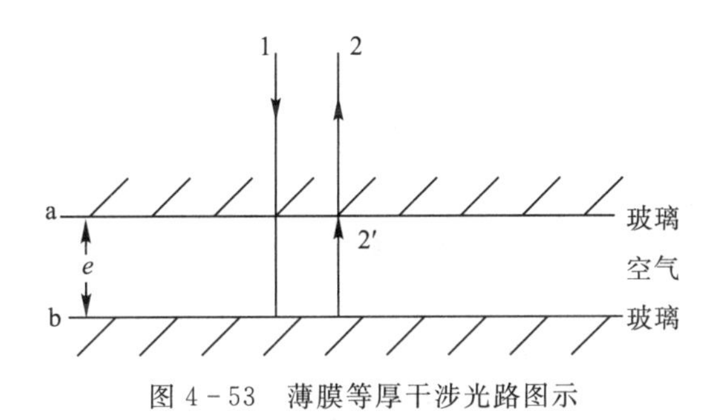

图 4－53　薄膜等厚干涉光路图示

现在我们研究光线 2 和 2′，二者光程差为 $2e+\lambda/2$。原因在于光线 2′比光线 2 在空气中多走了 $2e$ 的路程，再加上光线 2′是从光疏媒质射向光密媒质时在界面上被反射，有半波损失，而光线 2 是从光密媒质射向光疏媒质时被反射，没有半波损失。

根据光的干涉条件，当光程差为半波长的偶数倍时，光振动互相加强；为半波长的奇数倍时，光振动互相抵消，因此有

$$\delta=2e+\frac{\lambda}{2}=\begin{cases}2k\cdot\dfrac{\lambda}{2},k=1、2、3\cdots(\text{亮条纹})\\(2k+1)\cdot\dfrac{\lambda}{2},k=0、1、2\cdots(\text{暗条纹})\end{cases}\tag{4-89}$$

由式(4－89)可以看出，产生反射的薄膜厚度 e 直接决定着光程差的大小，同一条干涉条纹所对应的空气薄膜厚度相同，这也是等厚干涉取名的来历。

1. 牛顿环

如图 4－54(a)所示，将一块曲率半径 R 很大的平凸透镜的凸面放置在一块平玻璃板上，在透镜的凸面和平玻璃面间自然形成一空气薄膜，其厚度从中心接触点到边沿逐渐增加。当有一波长为 λ 的平行单色光垂直入射时，入射光将在凸透镜的下表面和平板玻璃的上表面分别发

生反射，反射光在平凸透镜的上表面处相互干涉。所以在显微镜下观察到的干涉条纹是一系列以接触点为圆心的同心圆，其中心处为一暗斑，离中心越远条纹分布越密，如图 4－54(b)所示。

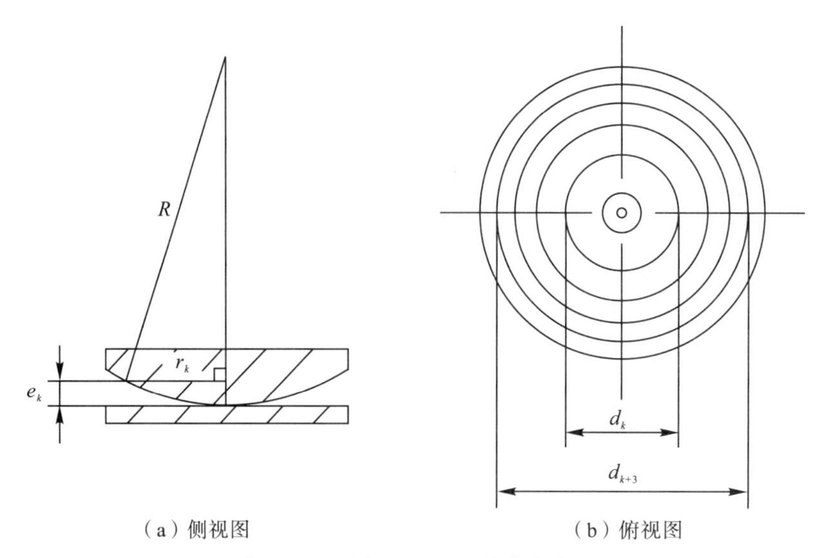

(a) 侧视图　(b) 俯视图

图 4－54　牛顿环测凸透镜曲率半径

用 r_k 表示第 k 级暗环(条纹)的半径，e_k 表示该暗环对应的空气薄膜的厚度，由图 4－54 的几何关系可知

$$r_k^2 = R^2 - (R - e_k)^2 = 2Re_k - e_k^2 \tag{4-90}$$

因为 $R \gg e_k$，$e_k^2 \ll 2Re_k$，所以可把 e_k^2 当作微小量略去，即

$$r_k^2 = 2Re_k$$

再结合式(4－89)暗环形成的条件，可得

$$r_k^2 = kR\lambda, k = 0、1、2\cdots \tag{4-91}$$

由式(4－91)可知，在波长 λ 已知的情况下，通过测量暗环半径 r_k，便可得到平凸透镜的曲率半径 R。

在理想情况下，牛顿环的中心是一暗点，原因在于空气膜在此处的厚度为 0，反射时又存在半波损失使得光程差 $\delta = \lambda/2$，满足了 $k=0$ 的暗环条件，但在实验中可以发现牛顿环的中心不是一个黑点，而是一个黑斑。这是因为牛顿环装置在安装时，凸透镜面和平玻璃板面由于压力作用而引起了弹性变形，使得二者的接触处成为一个近似的曲面，有时接触处也可能出现一个亮斑，这是因为在接触处可能有灰尘存在，二者接触不实，从而引起附加光程差，但此时可以取两个暗环半径的平方差来消除附加光程差，即

$$R = \frac{r_{k+m}^2 - r_k^2}{m\lambda}$$

式中，r_{k+m} 和 r_k 分别为第 $k+m$ 和 k 级暗环的半径。实验中暗环半径一般不易确定，所以可通过改测直径 d_{k+m} 和 d_k，则透镜的曲率半径 R 为

$$R = \frac{d_{k+m}^2 - {d_k}^2}{4m\lambda} \tag{4-92}$$

显然，m 是选定的两暗环的级数差，它是容易确定的。所以 R 的确定可以转化为用式(4－92)

来求解。

2. 劈尖干涉

将两块光学平板玻璃叠放在一起，在其一端加入一薄片，在两块玻璃板之间即形成一劈尖形的空气缝隙。当用波长为 λ 的单色光垂直照射时，和牛顿环一样，在劈尖形空气薄膜的上、下两表面反射的两束光会发生干涉。在显微镜下，可以观察到一系列平行于劈尖棱的明暗相间的等间距干涉条纹，如图 4－55 所示。实际用的薄片厚度 D 非常小，两平行板玻璃间的夹角也非常小。由式(4－89)可知，第 k 级暗条纹对应的空气缝隙厚度为

$$e_k = k\frac{\lambda}{2}$$

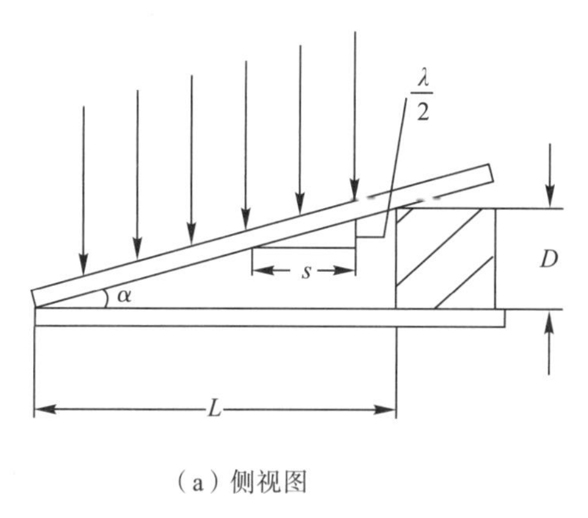

（a）侧视图

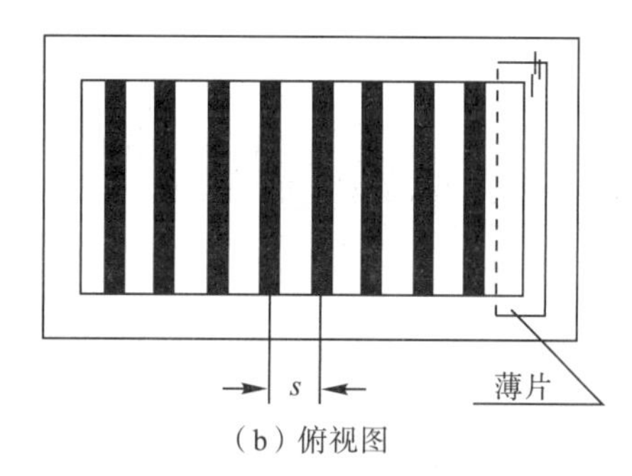

（b）俯视图

图 4－55　劈尖干涉

理想状态下，假设劈尖装置恰好呈 N 级暗条纹，则薄片厚度 D 为

$$D = N\frac{\lambda}{2} \tag{4-93}$$

如果 N 级暗条纹与薄片边沿还有一段距离，则 N 不一定为整数，但可估计到十分之一来计算 D。

设相邻两暗条纹之间的距离为 s，劈尖长度为 L，已知相邻两暗条纹间的间距为 $\lambda/2$，所以

$$\alpha \approx \tan\alpha = \frac{\frac{\lambda}{2}}{s} = \frac{D}{L}$$

则薄片厚度为

$$D = \frac{L}{s} \cdot \frac{\lambda}{2} \tag{4-94}$$

观察式(4－93)和式(4－94)可知，只要能数出空气劈尖上的总条纹数 $N+1$，或者测出劈尖长度 L 和相邻两暗条纹的间距 s，就可以由已知的光源波长 λ 来确定薄片的厚度 D。

四、实验内容

1. 测凸透镜的曲率半径 R

测量前首先应熟悉测量显微镜的使用方法和注意事项，并预先调好十字叉丝使其清晰，且与其 X、Y 轴大致平行，然后紧固目镜筒。

用钠光灯作光源，其波长为 589.3 nm，将牛顿环装置放于测量显微镜的载物台上，轻微转

动反光镜片 M,使它对准光源的方向,且倾角约为 45°,这时显微镜视场会较明亮,如图 4-56 所示,这时显微镜自身的反光镜不用,应转向一边,以免受其反光的影响。

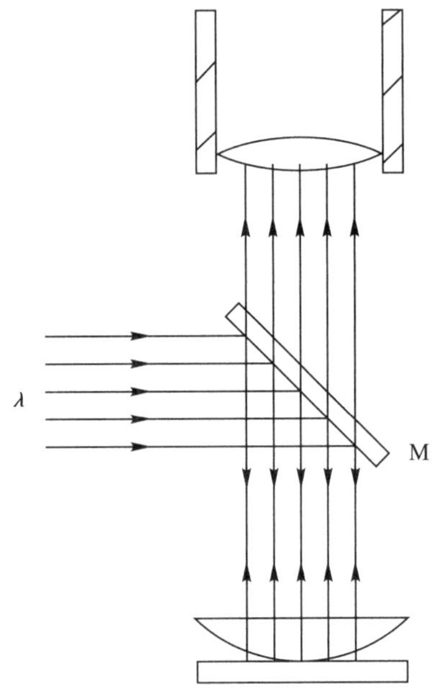

图 4-56 读数镜观测牛顿环

镜筒从靠近牛顿环装置处开始移动,轻轻转动显微镜调焦手轮由下往上进行聚焦,直到能够观察到一系列同心圆条纹为止。再调整一下牛顿环装置的位置,使得移动显微镜载物台时,需要测的牛顿环能够在显微镜视镜场内出现。显微镜的叉丝应调节成使其中一根与载物台移动方向严格垂直,测量时应使这根叉丝与干涉条纹对准来读数。在中心圆斑的左侧选定第 5 级条纹,再顺次向左数至第 17 级,然后倒转回来数,使叉丝对准第 16 级条纹,开始读数,然后每转过一条暗条纹,就要从刻度盘读一次数,记录于数据表格中,这样一直数到刚才确定的那个第 5 级条纹,读数暂时停止;然后继续移动载物台,经过中心圆斑后,从右边第 5 级条纹开始记数,同样每移过一条条纹记一次读数,一直向右读至第 16 级条纹。切记:在读数期间,使载物台朝一个方向移动,不能在中途改变手轮的旋转方向使载物台反向移动。

2. 测量金属薄片的厚度

在显微镜载物台上换上劈尖装置,同时调整 45°反光镜片和显微镜的焦距,使得能够观察到清晰的平直条纹。再调整劈尖装置的方向和位置,使得移动载物台时,劈尖上所有干涉条纹都能在显微镜目镜的视场中出现,并使干涉条纹与十字叉丝的垂直线平行。然后可以转动显微镜 X 轴方向上的移动手轮进行测量读数。数出劈尖上暗条纹的总级数,测三次劈尖长度,为了提高暗纹间距 s 的测量准确度,这里用逐差法求 s,采用多次测量,每隔 10 条暗条纹读一次数,直到第 80 条。

五、数据处理

1. 数据记录

平凸透镜曲率半径的测量数据见表 4-24,金属薄膜厚度的测量数据见表 4-25。

表 4-24 平凸透镜曲率半径的测量

级数 k	读数/mm		d_k/mm 左—右	d_k^2/mm^2	$U_k=d_{k+6}^2-d_k^2$/mm^2	
	左侧读数	右侧读数				
16					U_5	
15					U_6	
14					U_7	
13					U_8	
12					U_9	
11					U_{10}	
10					平均值	
9					$\bar{U}=\frac{1}{6}\sum_{i=5}^{10}U_i=$	
8						
7						
6						
5						

表 4-25 金属薄膜厚度的测量

劈尖暗纹总级数 $N=$								
级数 k	读数n_k	$l_k=\lvert n_{k+40}-n_k\rvert$/mm						$\bar{S}=\bar{l}/40$ /mm
0		l_{10}						
10		l_{20}						
20		l_{30}						
30		l_{40}						
40		$\bar{l}$						
50		$L_i=\lvert n_i-n_{0i}\rvert$/mm						$\bar{L}$
60		n_{01}		n_1		L_1		
70		n_{02}		n_2		L_2		
80		n_{03}		n_3		L_3		

2. 数据处理

用式(4-92)计算 R,并估算平均值 U 的标准偏差 $S_{\bar{U}}$,波长 λ 不记误差。求出 S_R 和 E_R,然后用 $R=\bar{R}\pm S_R$ 的形式表示测量结果,并估算平均值 $\bar{l}$ 和 $\bar{L}$ 的标准偏差 $S_{\bar{l}}$ 和 $S_{\bar{L}}$ 及其相对

误差 $E_{\bar{l}}$ 和 $E_{\bar{L}}$，然后写出 S_D 和 E_D，并用 $D=\bar{D}\pm S_D$ 的形式表示测量结果。

六、注意事项

(1)在实验中，不能用手去触摸光学器件的光学表面，并在取用时要轻拿轻放。

(2)在使用测量显微镜时，要严格按照测量显微镜的操作规范去做，若镜头上有灰尘，要用专用镜头纸去擦拭，不可用手或其他纸擦拭。

(3)在旋转调焦手轮时，要轻轻旋转，且当镜头靠近载物台时要小心，不可过力旋转，以免碰坏物镜镜头。

(4)在读数期间，一定要保证调焦手轮向着一个方向旋转，避免产生回程差，并且在数条纹级数时要细心，不可多数一级也不可少数一级。

七、思考题

(1)在观测牛顿环时，为什么离中心越远，条纹越密？

(2)如果改用白光做光源，还能不能观察到牛顿环条纹和劈尖条纹？

(3)在劈尖干涉实验中，干涉条纹虽是相互平行的直条纹，但彼此间距不等，为什么？如果干涉条纹看起来仍是直的，但彼此不平行，这又是为什么？

实验 16　迈克尔逊干涉仪的调整和使用

迈克尔逊干涉仪是由迈克尔逊于 1881 年设计的一款独特的干涉仪，在近代物理学的发展中起过重要作用。迈克尔逊与其合作者曾用此仪器进行了“以太漂移”实验、标定米尺及推断光谱精细结构三项著名的实验。第一项实验解决了当时关于“以太”的争论，否定了“以太”的存在，为爱因斯坦创立的相对论提供了实验支持。第二项实验实现了长度单位的标准化。迈克尔逊发现镉红线(波长 $\lambda=643.84696$ nm)是一种理想的单色光源，可用它的波长作为米尺标准化的基准。他定义 1 m=1553164.13 镉红线波长，精度达到10^{-9} m，这项工作对近代计量技术的发展做出了重要贡献。在第三项实验中迈克尔逊研究了干涉条纹视见度随光程差变化的规律，并以此推断光谱线的精细结构。由于在以上诸多方面的贡献，迈克尔逊获得了 1907 年诺贝尔物理学奖。

与薄膜干涉和牛顿环干涉一样，迈克尔逊干涉仪是使用分振幅的方法产生相干光，其主要特点就是将一束入射光分成两束相干光，然后再使这两束光在空间相遇形成干涉。使用迈克尔逊干涉仪很容易通过改变其中一束光的光程来改变两束相干光的光程差，而光程差是以光波的波长为单位来度量的，能够实现精密测量。

迈克尔逊干涉仪被广泛应用于长度、折射率、光波波长的精密测量，光学平面的质量检验和傅里叶光谱技术等诸多方面。目前，虽然迈克尔逊干涉仪已经被更完善、更精密的现代干涉仪取代，但迈克尔逊干涉仪的基本结构仍然是许多现代干涉仪的基础，而且还有很多领域使用迈克尔逊干涉仪来进行精密测量。

一、实验目的

(1)了解迈克尔逊干涉仪的结构和工作原理，掌握其调整方法。

(2)调节和观察等倾干涉、等厚干涉和非定域干涉现象。

(3)测量 He－Ne 激光的波长。

二、实验仪器

迈克尔逊干涉仪、He－Ne 激光器、扩束镜。

三、实验原理

迈克尔逊干涉仪是利用光的薄膜干涉制作的光学仪器,其基本结构如图 4－57 所示,光源发出单色光,方向与 G_1 成 45°,G_1 是一面镀有半反半透膜的平行平面玻璃板,与相互垂直的 M_1 和 M_2 两个反射镜各成 45°。G_2 为补偿板,它与 G_1 具有相同的材料和厚度,且与 G_1 平行安装,其作用是为了补偿反射光束 1 因在 G_1 中往返两次多走的光程使干涉仪对不同波长的光可以同时满足等光程的要求。M_1 和 M_2 是两个平面镜,正常情况下互相垂直,但是 M_2 是固定的,而 M_1 可在精密导轨上前、后移动,以便改变两光束的光程差。平面镜 M_1、M_2 的背后各有 3 个微调螺丝,可以根据需要改变平面镜 M_1、M_2 之间的角度。

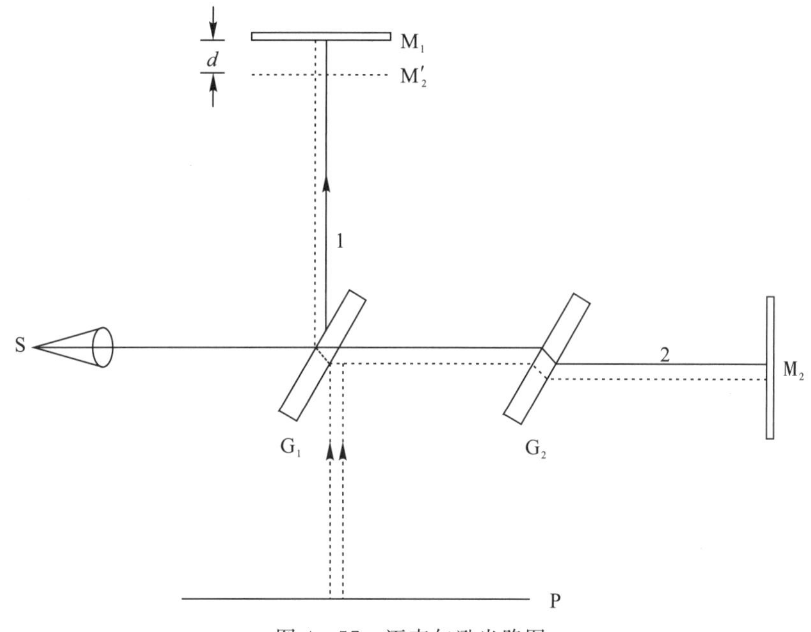

图 4－57　迈克尔逊光路图

工作时,光源 S 发出一束单色光以 45°入射到分光镜 G_1 上,会分成强度相等的两束相干光 1 和 2。反射光束 1 射出 G_1 后投向反射镜 M_1,反射回来再穿过 G_1;光束 2 经过补偿板 G_2 投向反射镜 M_2,反射回来再通过 G_2,在半反射面 G_1 上反射。条件满足时,两束相干光在空中相遇并产生干涉,从而可以在屏幕 P 上用肉眼观察到干涉条纹。

如图 4－57 所示,观察者自屏幕处向 M_1 镜看去除直接看到 M_1 镜外,还可以看到 M_2 镜经分束镜G_1 的半反射面反射的像 M'_2。这样,在观察者看来,两相干光束好像是由同一束光分别经 M_1 和 M'_2 反射而来的。因此,从光学上来说,迈克尔逊干涉仪产生的干涉图样与 M_1

和 M'_2 间的空气层产生的干涉是一样的，在讨论干涉条纹的形成时，只要考虑 M_1、M'_2 两个面和它们之间的空气层即可。

如图 4-58 所示，对由 M_1 和 M'_2 形成的空气薄膜，设 d 为薄膜厚度，i 为入射光束的入射角，γ 为折射角，由于 M_1 和 M'_2 之间是空气，其折射率 $n=1$，$i=\gamma$。当一束光入射到 M_1、M_2 镜面而分别反射出 1、2 两条光束时，由于 1、2 来自同一光束，是相干光，故两光束的光程差 δ 为

$$\delta=AC+BC-AD=\frac{2d}{\cos\gamma}-2d\sin i\tan\gamma=2d\cos i$$

从上式可知，当 d 一定时，光程差 δ 随着入射角 i 的变化而改变，同一倾角（入射角）的各对应点的两反射光线都具有相同的光程差，其光强分布由各光束的倾角决定，因此称为等倾干涉。

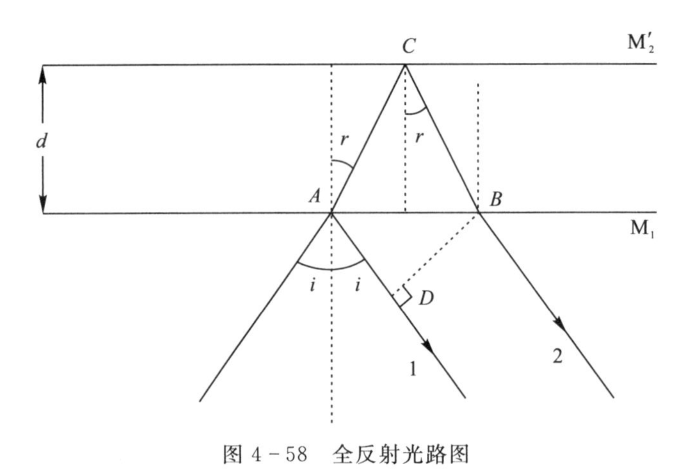

图 4-58　全反射光路图

一般实验使用激光作为入射光源，但是由于激光发出的光可近似看作平行光，直接使用激光无法得到不同入射角的入射光，因此无法产生等倾干涉。实验中，一般使用短焦距凸透镜对激光进行扩束，这时激光可以看作是点光源 S。

如图 4-59 所示，S 发出的光经过 M_1 和 M'_2 反射后，得到相当于由两个虚光源 S_1、S_2 发出的两列满足干涉条件的球面波，S_1 为 S 经 G_1 及 M_1 反射后成的像，S_2 为 S 经 M_2 及 G_1 反射后成的像（等效于 S 经 G_1 及 M'_2 反射后成的像）。因此，单色点光源 S 经迈克尔逊干涉仪中两反射镜的反射光可看作是从 S_1 和 S_2 发出的两束相干光。在观察屏上，S_1 与 S_2 间距为 $2d$，当两束光在观察屏上相遇时，其光程差约为 $\Delta=2d\cos\theta$。

根据干涉原理，可知

$$\Delta=\begin{cases}k\lambda, & k=1、2、3\cdots\quad（为明纹）\\(2k+1)\dfrac{\lambda}{2}, & k=1、2、3\cdots\quad（为暗纹）\end{cases}$$

当用单色光入射时，在毛玻璃观察屏上看到的是一组明暗相间的同心圆条纹，而且干涉条纹的位置取决于 d 和 θ，因此能够得到下述结论：

(1)对一个干涉图样，干涉条纹的中心处级数最高，从中心向四周干涉条纹的级数依次降低。当 d 一定时，明条纹的位置满足 $\Delta=2d\cos\theta=k\lambda$，由中心向外 θ 变大，$\cos\theta$ 就变小，因此干涉条纹的级数 k 也就越小。

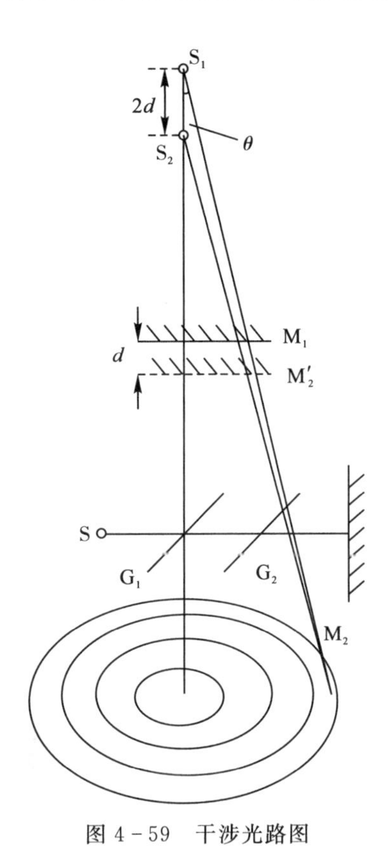

图 4－59　干涉光路图

(2)当 d 减小(即 M_1 向 M'_2 靠近)时,若人们跟踪观察某一圈条纹,将看到该干涉环变小,向中心收缩。对同一级条纹来讲,m 是固定值,当 d 变小时,该条纹对应的光程差 $2d\cos\theta$ 保持恒定,此时 θ 就要相应变小。当 d 每减小$\dfrac{\lambda}{2}$,干涉条纹就向中心消失一个。当 M_1 与 M'_2 接近时,条纹变粗变疏。当 M_1 与 M'_2 完全重合时(即 $d=0$),视场亮度均匀。

(3)条纹中心处对应的 $\theta=0$,此处光程差为 $\Delta=2d$,可知中心处条纹的明暗完全由 d 确定,当 $\Delta=2d=m\lambda$ 时,即 $d=k\cdot\dfrac{\lambda}{2}$时中心为明纹。当 d 每增加$\dfrac{\lambda}{2}$时,中心处对应的干涉条纹级数增加一级,也就意味着中心会“冒出”一个条纹;反之,d 每减小$\dfrac{\lambda}{2}$,中心处对应的干涉条纹级数减小一级,中心处“缩进”一个条纹。

每“缩进”或“冒出”一个条纹,说明中心处光程差改变了一个波长 λ,吞进或吐出 Δk 个条纹,相应的光程差改变为

$$2\Delta d=\Delta k\cdot\lambda$$

可以得到

$$\lambda=\frac{2\Delta d}{\Delta k}$$

通过测量“缩进”或“冒出”k 级条纹时 M_1 移动的距离 Δd 来求出入射光的波长。

四、实验内容与步骤

1. 迈克尔逊干涉仪的调整

(1)如图 4－57 所示,调整激光器的位置和角度,让入射激光能够以 45°入射到半反半透镜 G_1 上,并调整 M_1 和 M_2 背后的两个螺丝,使 M_1 和 M_2 反射回激光器的最亮的光点能够回到激光器的出光口。

(2)分别观察两束相干光在观察屏幕上形成的光点,可适当微调 M_1 和 M_2 背后的两个螺丝,使两束相干光在屏幕上形成的两排光点像中的最亮点重合。

(3)在激光器光路上放上扩束镜(短焦距的凸透镜),调整透镜的位置,使扩束后的激光束投射到 G_1 的正中央,然后在 M_1 前方的毛玻璃观察屏上即可看到干涉条纹。调节 M_2 背后的两个螺丝,使条纹圆心处于视场中心,如图 4－60 所示。

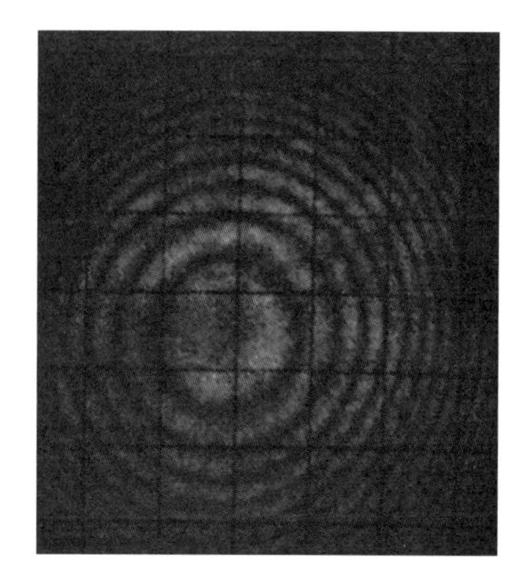
图 4－60　干涉图像

注意:迈克尔逊干涉仪是精密的光学仪器,必须小心使用。G_1、G_2、M_1、M_2 由光学玻璃制成,不能用手触摸其表面,更不能任意擦拭,表面不清洁时请指导老师处理。

2. 观察点光源非定域干涉

将短焦距扩束镜放在激光器和出光点上,使激光束汇聚成点光源照亮分束板。这时在观察屏处便可看到干涉条纹。仔细调节各旋钮,使干涉条纹成圆环,并将圆环中心调到观察屏中心。轻轻转动微调手轮,使动镜前后移动,便可观察到干涉条纹“吞、吐”现象。

相邻两条纹的角间距为:$\Delta\theta=\lambda/(2d\sin\theta)$,其中 d 为两反射镜间空气薄膜厚度,θ 为点光源发出的光线的倾角。

根据以上公式可以推出:d 越小,条纹间距越大;θ 越小,条纹间距越大,即干涉条纹中间疏边缘密。靠边缘的干涉条纹级次低,越向中心级次越高,中心的干涉条纹级次最高。

3. 观察定域等倾干涉条纹

普通光源不是点光源,它们是许多互不相干的点光源的集合,也称为扩展面光源。如用钠光灯作光源,在光源前放置一块磨砂玻璃板,此时的光源就是扩展面光源。由各个点发出的光束虽然不是相干的,但对倾角 θ 相同的各束光,它们由两反射镜反射形成的两平行光束在无穷远处相遇,其光程差均为 $\Delta=2d\cos\theta$。此时可以用眼睛直接观察(这是区别于非定域干涉的主要方面),能够看到互相重叠而加强了的干涉条纹,每一圆环对应一定的倾角,所以称这样的干涉条纹为等倾干涉条纹。

4. 观察等候干涉条纹

适量调节动镜后的左、右旋转调节螺钉,这时动镜与定镜不再垂直,即动镜与定镜的像相距很近,并具有很小的夹角 Φ,这时两平面间形成空气劈尖。当用扩展光源照射时,就会于反射镜表面附近产生明暗相间的平行直线状干涉条纹,相邻干涉条纹的间距相等。因为角 Φ 很小,两光束间的光程差近似地用 $\Delta=2d\cos\theta$ 表示,其中 d 为厚度,θ 为入射角。在定镜与动镜像相交处,$d=0$,光程差为 0,应出现直线亮条纹,称为中央条纹。因为 θ 很小,式中 $\cos\theta\approx1$,

所以干涉条纹大体上是与中央明纹平行且等距离分布的直条纹。离中央明纹较远处，由于 θ 增大，故条纹发生弯曲，弯曲的方向是凸向中央条纹。

5. 测量 He－Ne 激光的波长

在调出清晰的 He－Ne 激光非定域圆条纹的基础上，记下测微螺旋初始读数 d_0，沿同一方向转动测微螺旋，同时默数冒出或者消失的条纹，每 50 环记一次读数 d_1，测到 250 环为止，用逐差法计算出 Δd。因每个环的变化相当于动镜移动了半个波长的距离，故观察到 ΔN 个环的变化，则移动距离

$$\Delta d_1 = d_{50} - d_0$$

$$\Delta d_2 = d_{100} - d_{50}$$

$$\vdots$$

$$\Delta d = \Delta N \lambda / 2,$$

故

$$\lambda - 2\Delta d / \Delta N$$

这里，ΔN 就是条纹变化的数目 50 条。将变量代入即可求出波长 λ。

五、数据记录

单位：mm

d_0	d_{50}	d_{100}	d_{150}	d_{200}	d_{250}

六、数据处理

单位：mm

Δd_1	Δd_2	Δd_3	Δd_4	Δd_5

He－Ne 激光的标准波长 $\lambda = 632.8$ nm，求出相对误差。

七、注意事项

(1)迈克尔逊干涉仪是精密光学仪器，使用前必须先熟悉使用方法，再动手调节。

(2)不允许用手触摸仪器的光学表面。

(3)实验前后，所有调节螺钉均应处于放松状态。

八、思考题

(1)在迈克尔逊干涉仪中是用什么方法产生两束光且相干的？

(2)调出等倾干涉和等厚干涉条纹的条件是什么？

实验 17　偏振光实验

一、实验目的

(1)验证光学马吕斯定律,研究偏振光的应用。
(2)了解波片的作用。

二、实验仪器

光功率计、半导体激光器、起偏器、检偏器、光功率探头、$\lambda/4$ 波片、$\lambda/2$ 波片、导轨、光具座。
主要技术参数如下:
(1)光功率计:2 mW 和 20 mW 两挡,3 位半数显,提供半导体激光器工作电源。
(2)检偏器:角度分辨率 0.2°。
(3)光学导轨:长 60 cm。
(4)半导体激光器:功率约 3 mW,带水平和垂直调节。

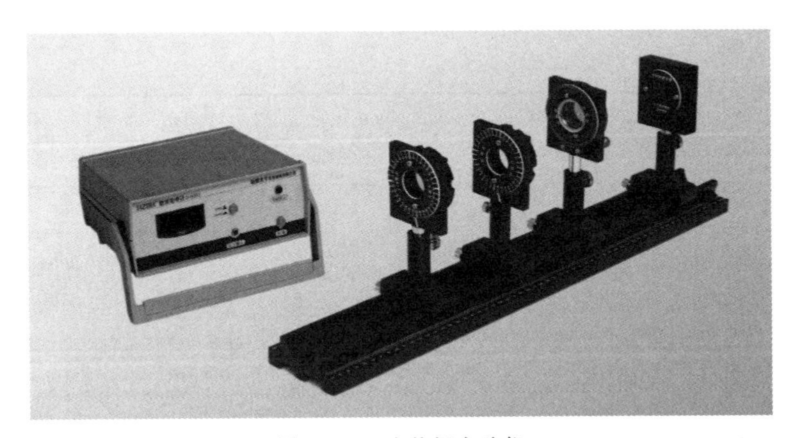

图 4-61　光偏振实验仪

三、实验原理

1. 起偏和检偏

马吕斯于 1809 年发现了光的偏振现象,确定了偏振光强度变化的规律(即马吕斯定律)。光具有偏振性和光的横波特性的发现,在科学上具有极其重要的意义,它丰富了光的波动说的内容,具有非常重要的应用价值。

偏振片:在赛璐璐基片上蒸镀一层硫酸碘奎宁的晶粒,基片的应力可以使晶粒的光轴定向排列起来,使得振动电矢量与光轴平行的光可以通过,而振动电矢量与光轴垂直的光不能通过。用偏振片可以做成各种偏振器,如起偏器和检偏器。

当一束激光照在起偏器上,透射光只在一个平面内偏振。如果这个偏振光入射到第二个检偏器上,入射光的偏振平面与检偏器透光轴垂直,则没有光可以透过检偏器;若起偏器和检偏器成一夹角,则有部分偏振光透过检偏器(如图 4-62 所示)。

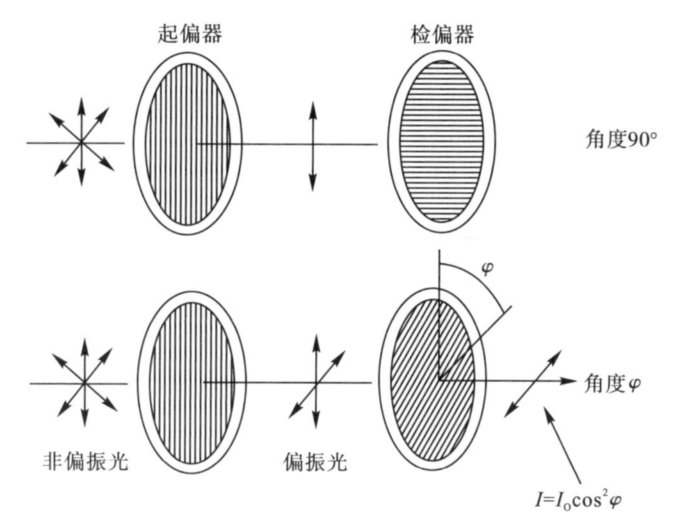

图 4－62　偏振光的检测示意图

偏振光电场 $\boldsymbol{E}_{\mathrm{o}}$ 的分量 $\boldsymbol{E}$,可由下式得出

$$\boldsymbol{E}=\boldsymbol{E}_{\mathrm{o}}\cos\varphi \tag{4-95}$$

因为光强度随电场的平方而变化,所以透过检偏器的光强就可由下式得出

$$I=I_{\mathrm{o}}\cos^2\varphi \tag{4-96}$$

式中,I_{o} 是透过起偏器的光强;φ 是两个偏振器的偏振轴之间的夹角。考虑两种极端的情况：

如果 $\varphi=0$,检偏器与起偏器光轴平行,$\cos^2\varphi$ 的值等于 1,则透过检偏器的光强等于透过起偏器的光强。这种情况下,透射光的强度达到最大值。

如果 $\varphi=90°$,检偏器与起偏器的光轴垂直,$\cos^2\varphi$ 的值等于 0,则没有光透过第二个偏振器。这种情况下,透射光的强度达到最小值。

2. 波晶片

波晶片是从单轴晶体中切割下来的平行平面板,其表面平行于光轴。当一束单色平行自然光正入射到波晶片上时,光在晶体内部便分解为 o 光与 e 光。o 光电矢量垂直于光轴;e 光电矢量平行于光轴,而 o 光和 e 光的传播方向不变,仍都与表面垂直,但 o 光在晶体内的速度为 v_{o},e 光的速度为 v_{e},即相应的折射率 n_{o}、n_{e} 不同。

设晶片的厚度为 l,则两束光通过晶体后就有位相差

$$\sigma=\frac{\pi}{\lambda}(n_{\mathrm{o}}-n_{\mathrm{e}})l \tag{4-97}$$

式中,λ 为光波在真空中的波长。$\sigma=2k\pi$ 的晶片,称为全波片;$\sigma=2k\pi\pm\pi$ 的晶片称为半波片($\lambda/2$ 波片);$\sigma=2k\pi\pm\frac{\pi}{2}$的晶片称为 $\lambda/4$ 波片,上面的 k 都是任意整数。不论全波片、半波片或 $\lambda/4$ 波片都是对一定波长而言。

以下直角坐标系的选择,是以 e 光振动方向为横轴,o 光振动方向为纵轴。沿任意方向振动的光,正入射到波晶片的表面,其振动便按此坐标系分解为 e 分量和 o 分量。

平行光垂直入射到波晶片后,分解为 e 分量和 o 分量,透过晶片,二者间产生一附加位相差 σ。离开晶片时合成光波的偏振性质决定于 σ 及入射光的性质。

1)偏振态不变的情形

(1)自然光通过波晶片,仍为自然光。

(2)若入射光为线偏振光,其电矢量 $\boldsymbol{E}$ 平行 e 轴(或 o 轴),则任何波长片对它都不起作用,出射光仍为原来的线偏振光。

2)$\lambda/2$ 波片与偏振光

(1)若入射光为线偏振光,且与晶片光轴角度为 θ,则出射光仍为线偏振光,但与光轴成 $-\theta$,即线偏振光经 $\lambda/2$ 波片电矢量振动方向转过了 2θ。

(2)若入射光为椭圆偏振光,则半波片既改变了椭圆偏振光长(短)轴的取向,也改变了椭圆偏振光(圆偏振光)的旋转方向。

3)$\lambda/4$ 波片与偏振光

(1)若入射光为线偏振光,则出射光为椭圆偏振光。

(2)若入射光为圆偏振光,则出射光为线偏振光。

(3)若入射光为椭圆偏振光,则出射光一般仍为椭圆偏振光。

四、实验内容

1. 系统的安装与调试

(1)将半导体激光器、起偏器、检偏器、光功率探头依次安装在光具座上,接通电源,调节光路,使各元件中轴线一致。

(2)旋转起偏器,使激光通过起偏器、检偏器后得到最大光强。调节光功率探头竖直位置以及微调半导体激光器上的水平和垂直调节螺钉,使偏振光全部入射到光功率计探头内,此时光功率显示值最大。

2. 实验测量

(1)先顺时针缓慢旋转起偏器,用光屏观察光强变化情况。

(2)把起偏器和检偏器旋转到 0°位置,然后顺时针缓慢旋转检偏器,每转动 1°或 2°记录一次万用表测量的相对光强,可以连续测量 1 周(360°)或 2 周(720°)。将数据填入表 4-26 中。

表 4-26　起偏器和检偏器测量数据记录表

起偏器角度值为 0°

检偏器角度值/(°)	相对光强/V
1	
2	
⋮	
358	
359	
360	

(3)根据通过起偏器、检偏器后测量的光强数据以及起偏器和检偏器间的夹角 φ 验证马吕斯定律。

(4)改变起偏器和检偏器初始状态的夹角,能观测到什么样的物理现象?如何从理论和实验两方面正确地解释和证明。

(5)考察平面偏振光通过 $\lambda/2$ 波片时的现象。

先使起偏器和检偏器正交，然后进行如下实验。

①在两块偏振片之间插入 $\lambda/2$ 波片，旋转波片 360°，观察消光的次数并解释此现象。

②将 $\lambda/2$ 波片转任意角度，这时消光现象被破坏。把检偏器转动 360°，观察发生的现象并作出解释。

③仍使起偏器和检偏器处于正交(即处于消光现象时)，插入 $\lambda/2$ 波片，旋转波片使消光，再旋转波片 15°，破坏其消光。转动检偏器至消光位置，并记录检偏器所转动的角度。

④继续将 $\lambda/2$ 波片转 15°(即总转动角为 30°)，记录检偏器达到消光所转总角度。依次使 $\lambda/2$ 波片总转角为 45°、60°、75°、90°，记录检偏器消光时所转总角度，将测量的数据记入表 4－27 中。

表 4－27　考察平面偏振光通过 λ/2 波片时的数据记录表

半波片转动角度/(°)	检偏器转动角度/(°)
15	
30	
45	
60	
75	
90	

(6)用波片产生圆偏振光和椭圆偏振光。

①使起偏器和检偏器正交，用 $\lambda/4$ 波片代替 $\lambda/2$ 波片，转动 $\lambda/4$ 波片使消光。

②再将 $\lambda/4$ 波片转动 15°，然后将检偏器缓慢转动 360°，观察现象，并分析这时从 $\lambda/4$ 波片出来光的偏振状态。

③依次将波片转动总角度为 30°、45°、60°、75°、90°，每次将检偏器转动一周，记录所观察到的现象，测量的数据记入表 4－28 中。

表 4－28　用波片产生圆偏振光和椭圆偏振光

$\lambda/4$ 波片转动的角度/(°)	检偏器转动 360°观察到的现象	光的偏振性质
15		
30		
45		
60		
75		
90		

五、实验思考与注意

(1)了解自然光与偏振光的性质，了解线偏振光、圆偏振光、椭圆偏振光的特点。思考如何由自然光获得线偏振光、部分偏振光、圆偏振光、椭圆偏振光，如何区分它们?

(2)了解光电池与检流计的工作原理。

(3)如何利用测布儒斯特角的原理,确定一块偏振片的透光轴的方向。

(4)如何用光学方法区分 1/2 波片和 1/4 波片?

(5)下列情况下理想起偏器、理想检偏器两个光轴之间的夹角为多少?

①透射光是入射自然光强的 1/3。

②透射光是最大透射光强的 1/3。

(6)如果在互相正交的偏振片 P_1、P_2 中间插进一块 1/4 波片,使其光轴跟起偏器 P_1 的光轴平行,那么,透过检偏器 P_2 的光斑是亮的还是暗的,为什么?将 P_2 转动 90°后,光斑的亮暗是否变化,为什么?

(7)设计一个实验装置,用来区别自然光、圆偏振光、线偏振光加自然光。

实验 18　分光计的调整和折射率的测定

折射率是物质的重要光学常数,光通过透明物质时,会在不同物质的分界面同时产生反射和折射现象。我们知道日光是复色光,当日光透过棱镜时会发生色散现象,就是因为不同颜色光对棱镜的折射率不同而造成的。光的频率由发光体决定,其数值恒定,而光速和波长则因光通过的媒质的不同而不同。由光的折射率公式 $n=\sin i/\sin r$(入射角的正弦值与折射角的正弦值的比值)可知,只要我们测出光线透过棱镜时的入射角和折射角,运用此公式就可以算出棱镜对该色光的折射率。本实验就是运用分光计来测量棱镜对钠光的折射率。

一、实验目的

(1)了解分光计的结构,熟悉分光计的调整和使用方法。

(2)使用分光计测定三棱镜的顶角和最小偏向角。

(3)掌握用分光计测量三棱镜折射率的方法。

二、实验仪器

分光计、钠光灯、玻璃三棱镜、平行双面平面镜。

三棱镜是由透明材料制做成的截面呈三角形的光学仪器,也称“棱镜”。光学上将横截面为三角形的透明体称为三棱镜,光密媒质的棱镜放在光疏媒质中(通常在空气中),入射到棱镜侧面的光线经棱镜折射后向棱镜底面偏折。1666 年,英国物理学家牛顿做了一次非常著名的实验,他用三棱镜将太阳光分解为红、橙、黄、绿、蓝、靛、紫的七色光带。

分光计是精确测定光线偏转角的仪器,也称测角仪。光学中的许多基本量如波长、折射率等都可以直接或间接地表现为光线的偏转角,因而利用分光计可测量波长、折射率等。折射率越大,材料的出光性越好。分光计不仅可以用来测量玻璃三棱镜的折射率,还可以用来测量其他的透明材料在不同波长下的折射率。使用分光计时必须经过一系列精细调整才能得到准确的结果,其调整技术是光学实验中的基本技术之一,必须正确掌握。

三、实验原理

如图 4－63 所示的三角形为三棱镜的主截面,主截面与折射面垂直,AB 和 AC 代表棱镜的光学表面,BC 面是毛面,顶角 A 计为 α 角。设有一单色光入射到三棱镜 AB 光学面上的 D

点，光路图如图 4－63 所示。角 i 和 φ 分别表示入射角和出射角，入射光线和出射光线之间的夹角（锐角）δ 称为偏向角。

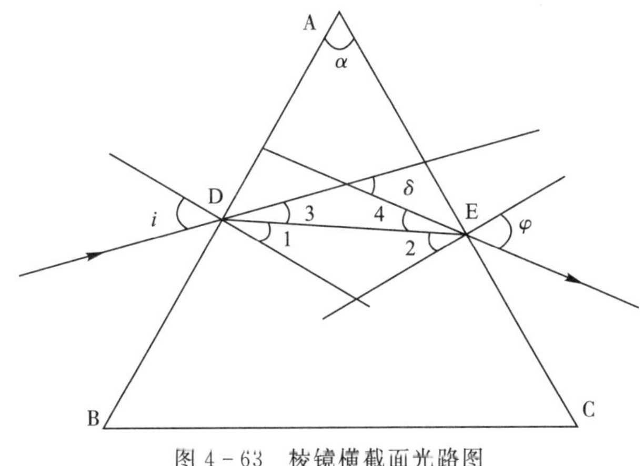

图 4－63 棱镜横截面光路图

由图 4－63 所示的几何关系知：$\delta=\angle 3+\angle 4=(i-\angle 1)+(\varphi-\angle 2)$

而

$$\alpha=\angle 1+\angle 2$$

故

$$\delta=i+\varphi-\alpha \tag{4-98}$$

对于一个给定的棱镜，顶角 α 是定值，所以可以说 δ 是 i 与 φ 的函数。但 φ 又是 i 的函数，因此 δ 只是 i 的函数。对式（4－98）两边求导，并令 $\frac{\mathrm{d}\delta}{\mathrm{d}i}=0$，即可得 δ 的极小值对应的 i 值。计算可得，当 δ 为极小值时，$i=\varphi$，所以

$$\delta_{\min}=2i-\alpha$$

即

$$i=\frac{\delta_{\min}+\alpha}{2} \tag{4-99}$$

又因为当 $i=\varphi$ 时，$\angle 1=\angle 2$，所以

$$\alpha=\angle 1+\angle 2=2\angle 1$$

即

$$\angle 1=\alpha/2 \tag{4-100}$$

所以三棱镜对单色光的折射率为

$$n=\frac{\sin i}{\sin\angle 1}=\frac{\sin\frac{1}{2}(\delta_{\min}+\alpha)}{\sin\frac{\alpha}{2}} \tag{4-101}$$

由（4－101）可知，只要能设法测出三棱镜的顶角 α 和最小偏向角 $\delta_{\min}$，即可求得三棱镜对单色光的折射，这就是用分光计测三棱镜折射率的原理。

四、实验内容

1. 分光计的结构及调整

常用的 JJY 型分光计的结构如图 4－64 所示，分光计一般由望远镜、平行光管、载物台、读

数装置和底座等五大构件组成。结构下部是三角底座，中心竖轴是分光计主轴。轴上装有可绕主轴旋转的望远镜、载物台、刻度圆环和游标盘，与底角相连的立柱上装有平行光管。望远镜由物镜、分划板和目镜等组成。常用的目镜有阿贝目镜和高斯目镜两种，JJY型分光计用的是阿贝目镜。望远镜的内部结构如图4-65所示。

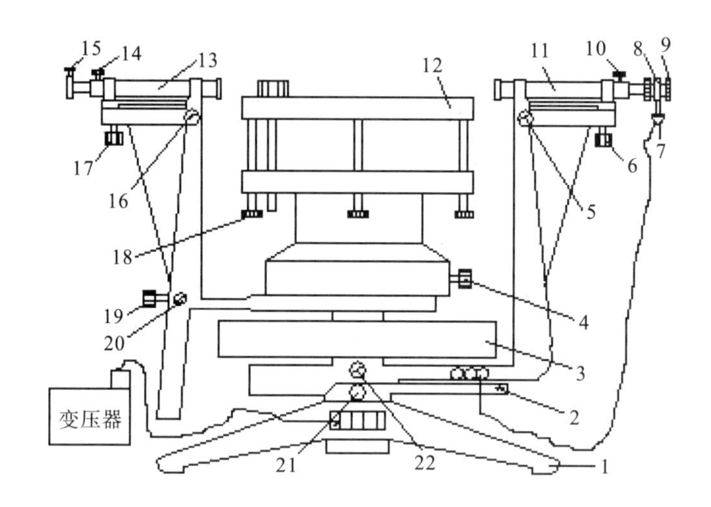

1—三角底座；2—望远镜微调螺钉；3—刻度圆环；4—载物台紧固螺钉；5—望远镜光轴水平调节螺钉；6—望远镜光轴倾角螺钉；7—光源小灯（内部）；8—分划板（内部）；9—目镜调焦手轮；10—目镜筒紧固螺钉；11—望远镜筒；12—载物平台；13—平行光管筒；14—狭缝装置紧固螺钉；15—狭缝宽调节螺钉；16—平行光管水平调节螺钉；17—平行光管倾角螺钉；18—载物台调节螺钉；19—游标盘紧固螺钉；20—游标盘微调螺钉；21—望远镜紧固螺钉（背面）；22—刻度圆环紧固螺钉。

图4-64　JJY型分光计结构图

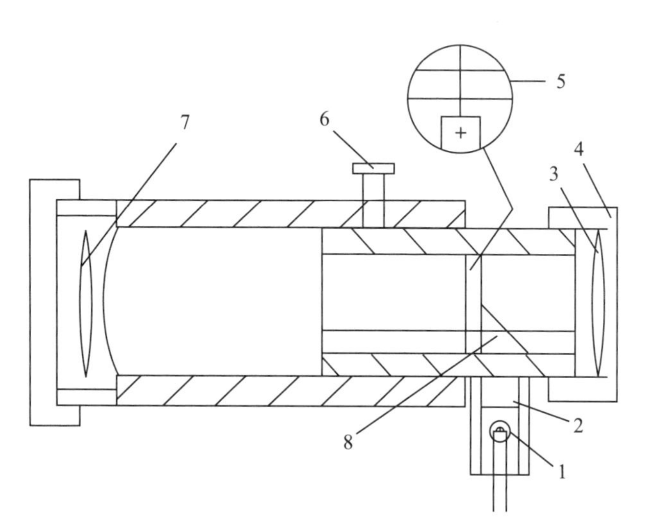

1—小灯；2—绿色滤光片；3—目镜；4—目镜调焦轮；5—十字分划板；6—紧固螺钉；7—物镜；8—直角棱镜。

图4-65　望远镜的内部结构示意图

小灯发出的光通过绿色滤光片后，经过直角三棱镜的反射，转向90°，将分划板下部照亮，因此在分划板下部形成一个绿色亮框。分划板上有三个十字刻线，下部是一个独立的小十字，当绿光透过分划板和物镜以后，被外置的平面镜反射回来，从目镜中就可以看到一个绿色的亮十字。分划板与物镜及目镜间的距离可以调节。

平行光管由狭缝和消色差透镜组成，狭缝装置可以沿平行光管的光轴移动和转动，缝宽和狭缝与透镜组间的距离也可以调节。载物台可以绕中心轴转动或沿轴升降，平台下边有三个用来调节载物台高度和水平的螺钉。读数装置由刻度圆环和游标组成，且二者都可绕中心轴转动。刻度圆环分度为360°，最小分度为半度(30′)。平行光管和望远镜的光轴应与分光计的中心轴线正交，望远镜、载物台、刻度圆环和游标盘的旋转轴线应与分光计的中心轴线重合。为了消除刻度圆环与分光计轴线之间的偏心差(制造引起的误差)，在游标盘同一直径的两端各设置了一个角游标。为了能正确测定棱镜的顶角和最小偏向角，分光计的平行光管的光轴和望远镜的光轴以及载物台和刻度盘面三者应相互平行，且都应垂直于分光计的中心轴，因此分光计在使用前必须进行严格调整。调整的具体步骤如下：

1)目测粗调

通过调整望远镜、平行光管各自的倾角螺钉和载物台下面的三个调平螺钉，使实验者从旁边观察三者大致平行且都垂直于分光计中心轴线。

2)用自准直法调整望远镜聚焦于无穷远处

打开目镜下面小灯的开关，缓慢旋转目镜的调焦手轮，通过调整目镜与分划板间的距离，使得从目镜里可以清晰地看到分划板上的双十字丝，这时分划板已处于目镜的焦平面上(三聚焦之一)，下方的绿十字也清晰可见。将双面平行平面镜置于载物台中部，并使镜面正对一个螺钉，如图4-66所示，(a)和(b)两种放置方法都可以。

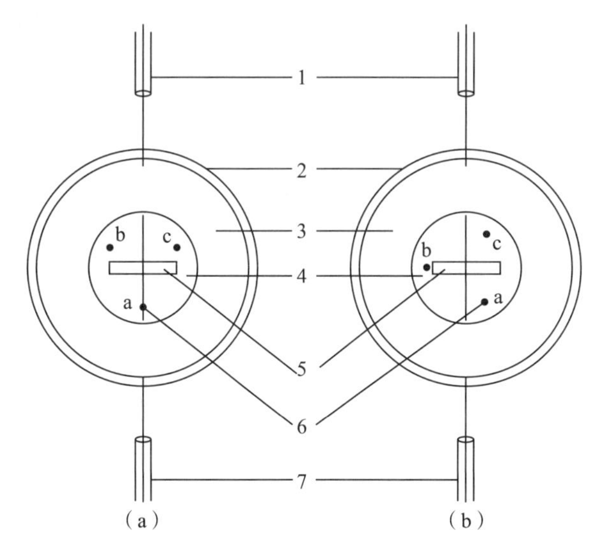

1—平行光管；2—刻度圆环；3—游标盘；4—载物台；5—双面平行平面镜；6—调平螺钉(三个)；7—望远镜。

图4-66 载物台上双面平行平面镜放置示意图

转动望远镜(或载物台)，使望远镜光轴与平面镜法线在水平面内相交成一微小角度，然后从望远镜旁边向平面镜望去。眼睛的高度与望远镜光轴同高，观察平面镜所成绿十字的像。再调节载物台的调平螺钉 a 和望远镜倾角调节螺钉 6，使平面镜中绿十字的像处于望远镜光轴所在的水平面附近，然后转动载物台或望远镜，使望远镜正对平面镜（垂直关系），即可从望远镜中观察到绿十字的像。如果像不清晰，可以松开目镜筒的紧固螺钉，前后微微移动目镜筒，使绿十字明亮清晰。这时再将眼睛上下移动，并观察绿十字的像与分划板的十字叉丝是否有相对移动，若有相对移动说明存在视差，应将目镜筒再稍微前后移动一下即可消除视差。这时分划板也处于物镜的焦平面上，随后拧紧目镜筒紧固螺钉，望远镜已聚焦于无穷远（三聚焦之二）。望远镜适合观察平行光，这种调节望远镜的方法就叫自准值法。

3）调整望远镜光轴与分光计中心轴严格垂直（各减一半法）

根据绿色亮十字与分划板上方十字叉线的距离调节载物台螺钉 a，使绿十字的像移近一半距离，靠近分划板上方的十字线。然后调节望远镜的倾角螺钉 6，使绿十字的像与分划板上方的十字线重合。再将游标盘转过 180°，使双面平面镜的另一面正对望远镜，仍用各减一半法调整望远镜和载物台，使绿十字像与分划板上方的十字线重合。若此时观察不到绿十字的像，仍可稍微偏转一下望远镜，使望远镜光轴与双面平面镜的镜面法线成一夹角，再从望远镜旁边向双面平面镜望去，观察平面镜中绿十字的像，并调节载物台上的螺钉 a 和望远镜倾角螺钉 6，使绿十字的像靠近望远镜光轴水平面。旋转望远镜正对双面平面镜找到绿十字的像，继续用各减一半法调节使绿十字的像与分划板上方的十字线重合，如此反复调节几次，很快就可以达到用双面平面镜两面反射回来的绿十字的像都能很好地与分划板上方的十字线重合。这时望远镜光轴与分光计旋转中心轴严格垂直。注意：此后望远镜的倾角螺钉 6 切记不可再动，否则前功尽弃。用上述逐渐逼近法是迅速调好分光计的关键。

4）调分划板十字叉丝横丝水平

微微转动游标盘，仔细观察目镜中绿十字的水平线与分划板上方的十字叉丝的水平线是否重合。若不重合则说明分划板位置不正，这时需要拧松目镜筒的紧固螺钉，只轻微旋转目镜筒，不要前后移动目镜筒，直到旋转载物台时绿十字像的水平线与分划板上方十字叉丝的水平线完全重合即可，再拧紧目镜筒的紧固螺钉。

5）平行光管聚焦调整（三聚焦之三）

从载物台上取下平面镜，打开钠光灯电源并使钠光灯的出光口正对平行光管的狭缝。轻轻地将平行光管的狭缝旋开，并旋转望远镜使其正对平行光管，拧松狭缝装置的紧固螺钉 14，前后慢慢移动狭缝筒，使得从调好的望远镜中能够观察到最清晰的狭缝的像，这时狭缝已处于平行光管透镜组的焦平面上。再调节狭缝宽度，要轻微拧动狭缝宽度调节螺钉 15，使狭缝像变为宽 1 mm 左右的黄色亮线即可。然后转动狭缝筒，使狭缝像成水平状态，若狭缝像与望远镜目镜中分划板上中间的十字叉丝的水平线不重合，就需要微调平行光管的倾角螺钉使此二者相互重合，这时平行光管的光轴已与分光计的旋转中心轴垂直。将狭缝转为竖直方向，并转动望远镜使狭缝像与望远镜分划板上的中竖丝重合，再左右移动一下眼睛观察有无视差（即看狭缝的像与分划板的中竖丝是否有相对移动），若有视差再微微前后移动一下狭缝筒，直至消除这种视差，然后拧紧狭缝筒的紧固螺钉。

至此，分光计已调好，可以继续进行实验。

2. 调节三棱镜的主截面与分光计旋转主轴垂直

如图 4－67 所示，将三棱镜平置于载物台上，使其底面正对一个螺钉，例如图中的 a 螺钉，图示两种放置方法均可。

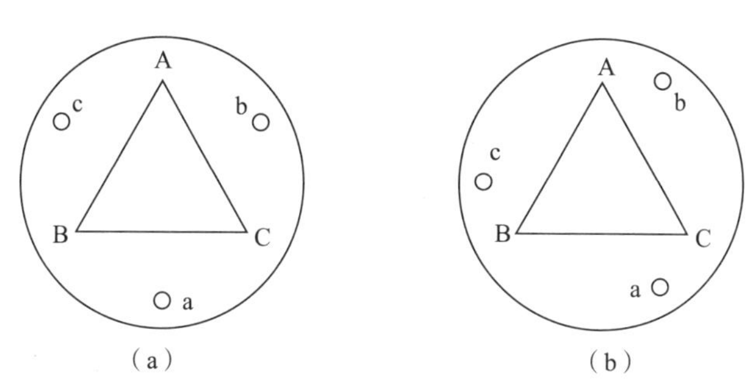

(a)　　(b)

图 4-67　载物台上三棱镜的放置

转动载物台或游标盘(最好是转动游标盘),使三棱镜的 AB 面正对望远镜,微调载物台上的螺钉 c,使 AB 面反射回来的绿十字的像与分划板上方的十字叉丝线重合,一定要注意此时不能再动望远镜的螺钉 6,否则前功尽弃。若望远镜正对 AB 面时,从目镜中观察不到绿十字的像,仍可将双面平面镜小心置于 AB 面前,注意双面平面镜不可碰撞到三棱镜。这时在望远镜旁边用眼睛向平面镜望去,观察平面镜中绿十字的像,细调载物台 c 螺钉,使绿十字的像靠近望远镜光轴所在的水平面。再把望远镜对准平面镜即可看到绿十字的像,然后拿走平面镜,从 AB 面就可观察到绿十字的像,但此时的绿十字的像较暗淡。用同样的方法将望远镜转至正对 AC 面,微调载物台螺钉 b 使绿十字的像与分划板上方的十字叉丝重合,然后再将望远镜转至三棱镜 AB 面正对位置,并观察绿十字的像与分划板上方的十字叉丝是否还重合,若不重合再调节载物台螺钉 a,使二者重合。再旋转望远镜正对三棱镜的 AC 面,如此反复调节,直至 AB 面和 AC 面反射回来的绿十字的像都能很好地与分划板上方的十字叉丝重合,即 AB 面和 AC 面都垂直于望远镜光轴。

3. 测三棱镜的顶角 α

三棱镜顶角的测量方法有反射法和自准直法,这里应用反射法测顶角。反射法测顶角的光路图如图 4-68 所示。将三棱镜的顶角 A 正对平行光管,棱角 A 靠近载物台中心(即尽量使棱镜远离平行光管)。调游标盘左(A)和右(B)两个游标,使其位于平行光管的左右两侧,拧紧游标盘、载物台及刻度圆环的紧固螺钉,松开望远镜的紧固螺钉使载物台和游标盘不动,刻度圆环随望远镜一起转动,由平行光管射出的平行光照射在三棱镜的两个光学表面上,测出反射光线间的夹角 φ,即可得到三棱镜的顶角 α 的大小。

旋转望远镜,使望远镜中十字叉丝的中竖线尽量靠近狭缝的中心。紧固望远镜,然后从左右两个游标盘上分别读取角度值 θ'_A 和 θ'_B,再将望远镜旋至另一侧,作同样的调整,读取角度值 θ''_A 和 θ''_B,则

$$\varphi_A=\theta''_A-\theta'_A,\varphi_B=\theta''_B-\theta'_B$$

$$\varphi=\frac{\varphi_A+\varphi_B}{2}$$

又由图 4-68 的几何关系可知 $\varphi=2\alpha$

故

$$\alpha=\frac{\varphi_A+\varphi_B}{4}$$

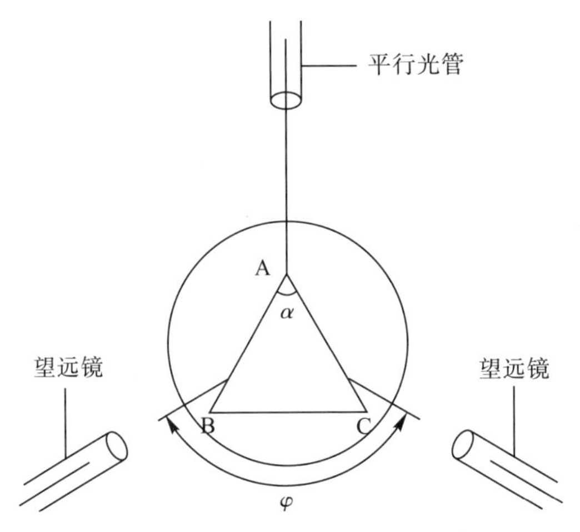

图 4－68　反射法测定三棱镜顶角

4. 测量最小偏向角 $\delta_{\min}$

钠光灯的谱线有几种颜色，因为三棱镜对不同色光的折射率不同，导致最后测出的最小偏向角也不同。如图 4－69 所示放置三棱镜，使 AB 面的法线 N 与平行光管的光轴大致成 60°，即 $i \approx 60°$，然后旋转望远镜至另一光学表面 AC，在图示位置附近可以观察到一条条不同颜色的狭缝的像，这就是棱镜对钠光折射的光谱。这里只测棱镜对绿光的折射率。

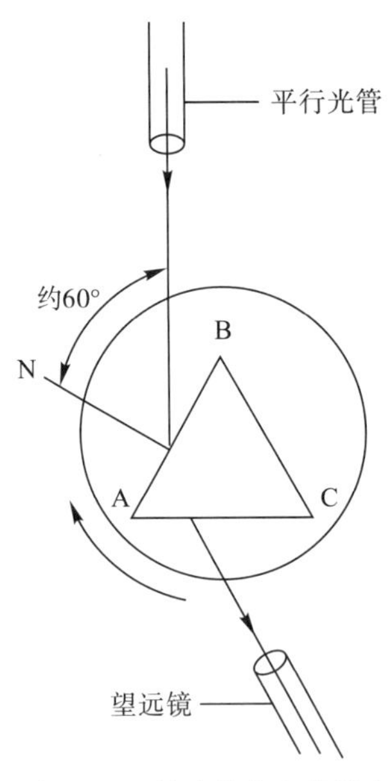

图4－69　最小偏向角的测定

按图示方向缓慢转动游标盘，同时用望远镜跟踪绿谱线的移动，当看到绿谱线移动到某一位置时，突然开始反向移动，谱线开始反向移动的这个转折点对应的偏向角就是最小偏向角。稍稍旋转望远镜使分划板上的中竖丝正对谱线的中心，这时再读取游标盘左右两游标的角度值 θ_A 和 θ_B，然后从载物台上取下三棱镜，转动望远镜对准平行光管，并微调望远镜的旋转位置，使分划板上的十字叉丝的中竖丝对准狭缝像的中心，再读取左右两游标盘的角度数θ'''_A和θ'''_B。

则
$$\delta_A=\theta'''_A-\theta_A$$
$$\delta_B=\theta'''_B-\theta_B$$
$$\delta_{min}=\frac{(\delta_A+\delta_B)}{2}$$

六、数据处理

1. 数据记录(见表 4－29、表 4－30)

表 4－29　三棱镜顶角 α 的测定

游标位置	望远镜位置				φ_A	φ_B	φ	$\alpha=\frac{\varphi}{2}$
	左侧		右侧					
左侧	θ'_A		θ''_A					
右侧	θ'_B		θ''_B					

表 4－30　绿光的最小偏向角 δ_{min} 的测定

游标位置	谱线逆转时游标盘读数		入射光线方向读数		δ_A	δ_B	δ_{min}
左侧	θ_A		θ'''_A				
右测	θ_B		θ'''_B				

2. 数据处理

根据以上数据，计算三棱镜的顶角 α，三棱镜对绿光的最小偏向角 δ_{min}以及折射率 n。

七、注意事项

(1)要爱护仪器，不能用手去触摸光学元器件的光学表面。

(2)分光计上的各螺钉在没有明白其作用之前，不可随便扭动。

(3)各光学元器件在取用时一定要轻拿轻放，坚决避免碰撞。

(4)分光计各转动部位在旋转时，一定要缓慢、平稳地旋转，不要过度旋转，以免损坏仪器。

(5)钠光灯不可频繁开、关，且在实验做完后要等钠光灯凉下来以后才可去移动。

(6)在读取角度值时，一定要注意游标盘的 0 刻度线是否已过刻度环的半度线，避免漏读半度(30′)。

八、思考题

(1)简述“三聚焦”的具体内容是什么？

(2)在望远镜的调节过程中，为什么要消除视差？

(3)在用双面平面镜反射绿十字并对其观察时，若平面镜一面反射回来的绿十字的像在分划板上方十字叉丝的上方偏离距离 a，而另一面反射回来的绿十字的像在分划板上方十字叉丝的下方偏离距离 $3a$ 处，应如何调节？

实验 19　用光栅测量光波波长

光栅是在一块透明的板上刻上大量等宽度、等间隔的、非常细的平行刻痕的光学元件。当光照在刻痕上时，只向各个方向散射，而不能透射过去，光只能从两个刻痕间的狭缝里透过，所以光栅可以看成是有许多排列紧密、均匀而又平行的狭缝组成。这种根据多缝衍射原理制成的光栅，能够产生间距较宽的匀排光谱，从而把复色光分解成光谱，因而它是一种重要的光学元件。光栅不仅适用于可见光，还能用于红外线和紫外线光波，常常被用来准确地测定光波的波长及进行光谱分析。以衍射光栅为色散元件组成的单色仪和摄谱仪是物质光谱分析的基本仪器，光栅衍射原理也是晶体 x 射线结构分析及近代频谱分析和光学信息处理的基础。本实验用的就是透射式平面全息光栅。

一、实验目的

(1)进一步熟悉分光计的调整和使用。

(2)观察光栅的衍射光谱，并测定钠光的波长。

二、实验仪器

分光计、双面平行平面镜、平面全息光栅、钠光灯。

三、实验原理

当一束平行光照射在光栅上时，光栅上的每条狭缝都将发生衍射现象，透过狭缝后各光波间还要发生干涉现象，所以光栅衍射条纹是两者效果总和的表现。如图 4-70 所示，设光栅刻痕宽度为 a，透明狭缝宽为 b，则相邻两缝间的距离 $d=a+b$，d 称为光栅常数，它是光栅的基本常数之一。如图 4-70 所示，设平行光束以入射角 i 照射到光栅表面，光栅另一面的衍射光束通过透镜后，会聚在透镜的焦平面上，形成一组亮暗相间的衍射条纹，设某一方向上的衍射光线的衍射角为 θ，过 A 点作线段 AC 垂直于入射光线 BC，再作线段 AD 垂直于衍射光线 BD，垂足分别为 C，D，则相邻两光线的光程差为

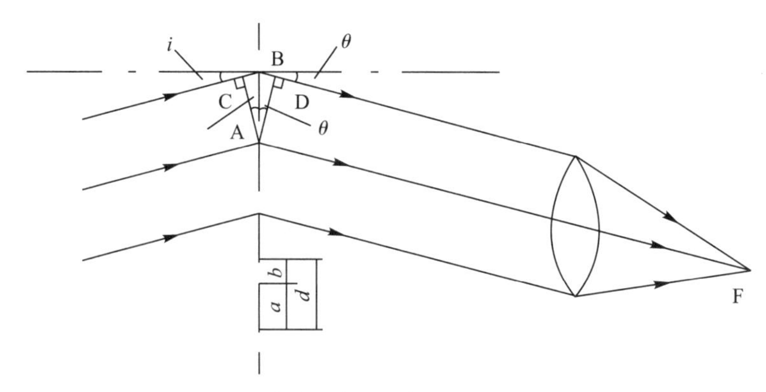

图 4-70　光线入射到光栅平面上时的光路图

$$\Delta = CB + BD = d(\sin i + \sin\theta)$$

由光的干涉理论可知，当光程差 Δ 等于入射光波长的整数倍时，多光束干涉使光波振动加强，因此在焦平面上的 F 点便产生一条明亮的条纹。由此可知光栅衍射明条纹的条件是

$$\Delta = d(\sin i + \sin\theta) = k\lambda,\quad k = 0, \pm 1, \pm 2 \cdots \tag{4-102}$$

式中，λ 是单色光波长；k 是亮条纹的级数。我们规定衍射光线在光栅平面下方时 θ 为正，衍射光线在平面上方时 θ 为负。式(4－102)常被称为光栅方程，它是研究光栅衍射的重要公式。

为了研究方便，通常都是让平行光线垂直照射到光栅表面上，此时入射角 $i=0$，光栅方程变为

$$d\sin\theta = k\lambda, k = 0, \pm 1, \pm 2 \cdots \tag{4-103}$$

由式(4－103)可以看出，如果入射光线为复色光，则 $k=0$ 时，必有 $\theta=0$，各种波长的零级条纹均叠加在一起，那么零级条纹仍将是复色的。k 为其他值时，不同波长的同级亮条纹将有不同的衍射角 θ，因此在透镜的焦平面上，将出现按波长次序排列的彩色光谱，常称它为光栅光谱。与 $k=\pm 1$ 相对应的谱线分别是正一级谱线和负一级谱线，类似的还有二级、三级等谱线。由此可见，光栅具有将入射光分解成按不同波长排列的光谱的功能，所以它是一种分光元件，用它还可以作成光栅光谱分析仪或摄谱仪，这些都是不可缺少的现代光学分析仪器。

光栅的衍射条纹与单缝衍射条纹相比，其主要特点是亮条纹明亮度高且较细，各级亮条纹之间有较暗的背景。因此光栅有较高的分辨率，且光栅常数越小，其分辨率越高。

本实验用的光源是钠光灯，它发出的是波长不连续的可见光，其光栅光谱将出现与各波长相对应的线状光谱。已知光栅常数 d(实验室里一般都标有光栅常数 d)，选取 $k=\pm 1$，用分光计测出各谱线的衍射角 θ，利用式(4－103)即可求得各谱线对应的光波波长。

四、实验内容

按上一实验调整分光计的方法调整好分光计至正常使用状态。

1. *光栅的调整*

打开钠光灯开关，使钠光灯出光口正对平行光管的狭缝，转动望远镜，使其正对平行光管，并使望远镜中分划板上的十字叉丝的竖丝与狭缝像的中心重合。如图 4－71 所示，把光栅直立于载物台上，光栅平面应垂直于载物台上两个螺钉的连线，用望远镜观察光栅平面反射回来的绿十字的像，轻微转动游标盘，并调节载物台下的螺钉 a 和 c，使绿十字的像与分划板上方的十字叉丝重合，此时与望远镜同轴的平行光管的光轴也自然垂直于光栅平面。

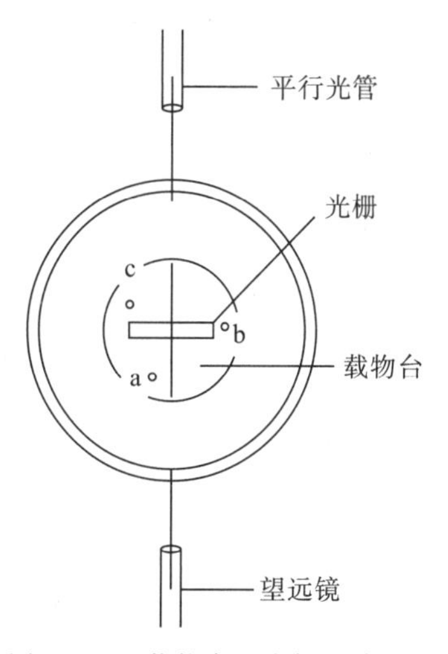

图 4－71　载物台上光栅的放置图

转动望远镜观察钠光的衍射谱线，中央为最亮条纹($k=0$)，其左右两边都可以看到几条较强的彩色谱线，它们是钠光的特征谱线。这时若发现两侧的谱线不等高，一侧偏上、一侧偏下，则是因为光栅的刻痕与分光计旋转主轴不平行所致，可以通过调节 b 螺钉使两侧谱线等高，但调节 b 螺钉又会影响到光栅平面与平行光管光轴的垂直，这时应再使用前述方法进行复调，直到这两个条件同时满足为止。

2. 测量谱线的衍射角

适当调节狭缝的宽度，使钠光谱中两条紧靠的谱线能够分清。首先将望远镜转向右侧，测量 $k=+1$ 级各谱线的位置，分别从左右两个游标读取角度值 θ'_A、θ'_B，然后将望远镜转至左测，测出 $k=-1$ 级条纹各谱线的角位置，读数记为 θ''_A、θ''_B，再用同一游标的两个读数相减，结果如下

$$\theta'_A-\theta''_A=2\theta_A,\theta'_B-\theta''_B=2\theta_B$$

由于分光计偏心差的存在，衍射角 θ_A 和 θ_B 会有差异，一个偏大、另一个偏小，所以应求其平均值，以消除其偏心差，因此各谱线的衍射角为

$$\theta=\frac{1}{4}(\theta'_A-\theta''_A+\theta'_B-\theta''_B)$$

测量时从右侧的绿光开始，依次是黄光、紫光，直到最左端的绿光。对黄光一般要重复测量三次(这里着重要求测出黄光的波长)。

五、数据处理

钠光波长测量数据记录于表 4-31 中，$k=\pm1$，光栅常数 $d=$________。

表 4-31 钠光波长的测量数据

条纹级数	游标	望远镜位置		θ	$\lambda_{测}$/nm	$\lambda_{理}$/nm	百分误差
		右侧 θ'	左侧 θ''				
$k=1$	A						
	B						
$k=2$	A						
	B						

已知分光计的仪器额定误差为 $1'$，光栅常数 d 的误差为 0.1%，写出相对误差 $E\lambda=\Delta\lambda/\lambda$ 的表达式。

六、注意事项

(1)对于分光计的调整和使用的注意事项同前一个实验。

(2)光栅是较精密的光学元件，使用时一定要注意轻拿轻放，不可碰撞，也不可用手去触摸光栅的光学表面，以免弄脏或损坏表面。若光栅的光学表面上有灰尘或污渍，要用毛笔或镜头纸轻轻擦拭。

(3)测量过程中，要防止其他光源干扰。

七、思考题

(1)若已知光波长，怎样测定光栅常数？

(2)在观察光栅的衍射条纹之前，能否预知可能看到的条纹级数？光栅上的刻痕越密看到的条纹级数越多，还是越稀疏看到的条纹级数越多？

(3)如果用白光作光源，将会看到什么样的衍射条纹？

4.4 近代物理实验

实验 20 普朗克常数的测定

当光照在物体上时，光的能量仅部分以热的形式被物体吸收，而另一部分则转化为物体中某些电子的能量，使电子逸出物体表面，这种现象称为光电效应，逸出的电子称为光电子。在光电效应中，光显示出它的粒子性质，所以这种现象对认识光的本性具有极其重要的意义。

1905 年，爱因斯坦提出了辐射能量 E 以 $h\nu$（ν 是光的频率）为不连续的最小单位的量子化思想，成功地解释了光电效应实验中遇到的问题。1916 年，密立根用光电效应法测量了普朗克常数 h。目前，光电效应已经广泛地运用于现代科学技术的各个领域，光电器件已成为光电自动控制、电报、以及微弱光信号检测等技术中不可缺少的器件。

一、实验目的

(1)了解光的量子性，光电效应的规律，加深对光的量子性的理解。

(2)验证爱因斯坦方程，并测定普朗克常数 h。

二、实验仪器

普朗克常数测试仪。

三、实验原理

光电效应实验原理如图 4-72 所示，其中 S 为真空光电管，K 为阴极，J 为阳极，当无光照射阴极时，由于阳极与阴极是断路，所以检流计 G 中无电流流过，当用一波长比较短的单色光照射到阴极 K 上时，形成光电流，光电流随加速电位差 U 变化的伏安特性曲线如图 4-73 所示。

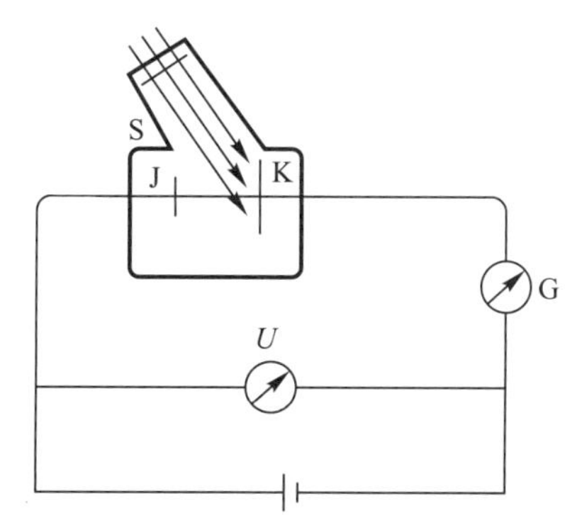

图 4-72 光电效应实验原理图

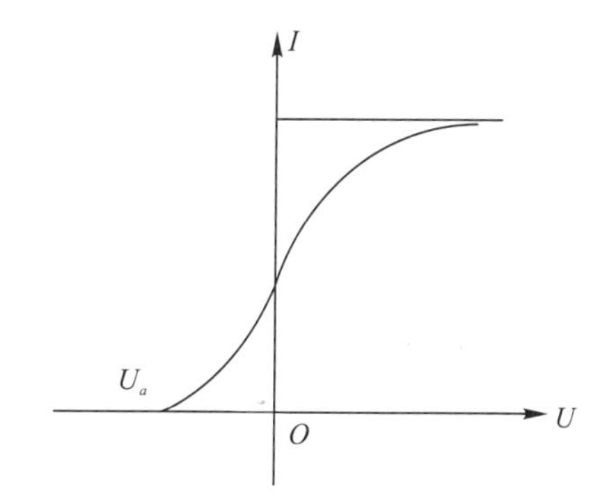

图 4-73 光电管的伏安特性曲线

1. 光电流与入射光强度的关系

光电流随加速电位差 U 的增加而增加，加速电位差增加到一定值后，光电流达到饱和值

I_H，饱和电流与光强成正比，而与入射光的频率无关。当 $U=U_J-U_K$ 变成负值时，光电流迅速减小。实验指出，有一个遏止电位差 U_a 存在，当电位差达到这个值时，光电流为零。

2. 光电子的初动能与入射光频率之间的关系

光电子从阴极逸出时，具有初动能，在减速电压下，光电子逆着电场力方向由 K 极向 J 极运动。当 $U=U_a$ 时，光电子不再能达到 J 极，光电流为零，所以电子的初动能等于它克服电场力所作的功，即

$$\frac{1}{2}m\nu^2 = eU_a \tag{4-104}$$

根据爱因斯坦关于光的本性的假设，光是一粒一粒运动着的粒子流，这些光粒子称为光子，每一光子的能量为 $E=h\nu$，其中 h 为普朗克常量，ν 为光波的频率，所以不同频率的光波对应光子的能量不同，光电子吸收了光子的能量 $h\nu$ 之后，一部分消耗于克服电子的逸出功 A，另一部分转换为电子动能，由能量守恒定律可知

$$h\nu = \frac{1}{2}m\nu^2 + A \tag{4-105}$$

式(4-105)称为爱因斯坦光电效应方程。

由此可见，光电子的初动能与入射光频率 ν 呈线性关系，而与入射光的强度无关。

3. 光电效应有光电阈存在

实验指出，当光的频率 $\nu<\nu_0$ 时，不论用多强的光照射到物质都不会产生光电效应，根据式(4-105)，$\nu_0=\frac{A}{h}$，ν_0 称为截止频率。

爱因斯坦光电效应方程同时提供了测普朗克常数的一种方法：由式(4-104)和式(4-105)可得 $h\nu=e|U_0|+A$，当用不同频率(ν_1、ν_2、ν_3…ν_n)的单色光分别做光源时，就有

$$h\nu_1 = e|U_1|+A$$
$$h\nu_2 = e|U_2|+A$$
$$\vdots$$
$$h\nu_n = e|U_n|+A$$

任意联立其中两个方程就可得到

$$h = \frac{e(U_i-U_j)}{\nu_i-\nu_j} \tag{4-106}$$

由此，若测定了两个不同频率的单色光所对应的遏止电位差即可算出普朗克常数 h，也可由 $\nu-U$ 直线的斜率求出 h。

因此，用光电效应方法测量普朗克常数的关键在于获得单色光，从而测量光电管的伏安特性曲线和确定遏止电位差值。

实验中，单色光可由汞灯光源经过滤光片选择谱线产生。汞灯是一种气体放电光源，点燃稳定后，在可见光区域内有几条波长相差较远的强谱线，见表 4-32，与滤光片联合作用后可产生需要的单色光。

表 4－32　可见光区汞灯强谱线

波长/nm	频率/10^{14} Hz	颜色
579.0	5.179	黄
577.0	5.196	黄
546.1	5.490	绿
435.8	6.879	蓝
404.7	7.408	紫
365.0	8.214	近紫外

为了获得准确的遏止电位差值，本实验用的光电管应该具备下列条件。

(1)对所有可见光谱都比较灵敏。

(2)阳极包围阴极，这样当阳极为负电位时，大部分光电子仍能射到阳极。

(3)阳极没有光电效应，不会产生反向电流。

(4)暗电流很小。

但是实际使用的真空型光电管并不完全满足以上条件，由于存在阳极光电效应引起的反向电流和暗电流(即无光照射时的电流)，所以测得的电流值实际上包括上述两种电流和由阴极光电效应所产生的正向电流三个部分，所以伏安曲线并不与 U 轴相切。由于暗电流是由阴极的热电子发射及光电管管壳漏电等原因产生的，与阴极正向光电流相比，其值很小，且基本上随电位差 U 呈线性变化，因此可忽略其对遏止电位差的影响。阳极反向光电流虽然在实验中较显著，但它服从一定的规律，据此，确定遏止电位差值，可采用以下两种方法。

(1)交点法。光电管阳极用逸出功较大的材料制作，制作过程中尽量防止阴极材料蒸发。实验前对光电管阳极通电，减少其上溅射的阴极材料，实验中避免入射光直接照射到阳极上，这样可使它的反向电流大大减少。其伏安特性曲线与图 4－73 十分接近，因此曲线与 U 轴交点的电位差值近似等于遏止电位差 U_a，此即交点法。

(2)拐点法。光电管阳极反向光电流虽然较大，但在结构设计上，若使反向光电流能较快地饱和，则伏安特性曲线在反向电流进入饱和段后有着明显的拐点，如图 4－74 所示，此拐点的电位差即为遏止电位差。

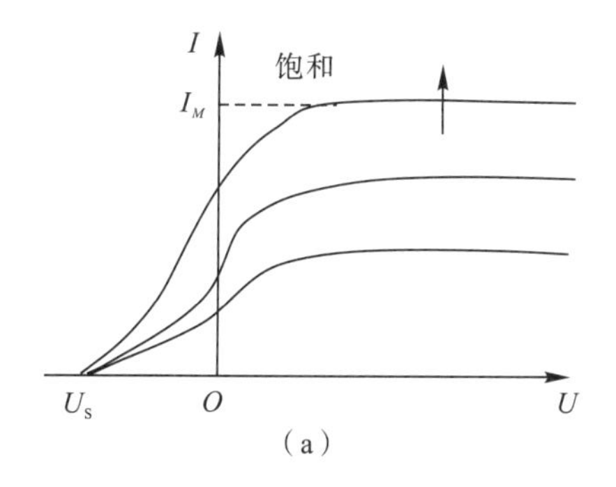

(a)

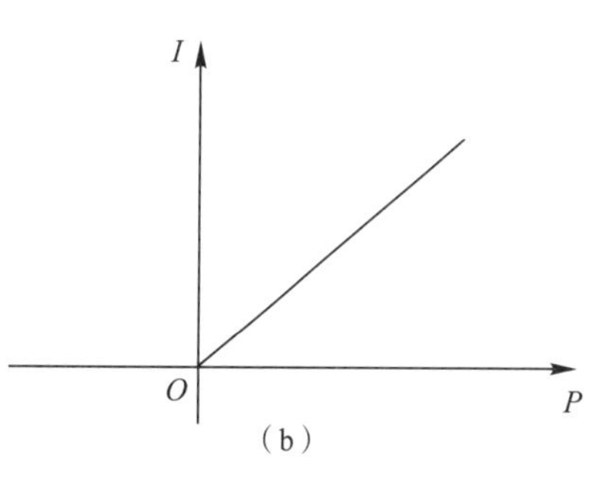

(b)

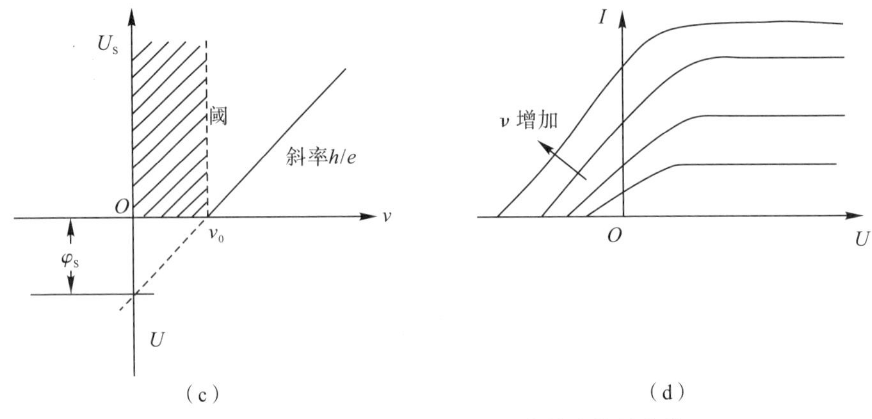

图 4-74　存在反向电流的光电管伏安特性曲线

四、实验内容

1. 仪器结构

普朗克常数测试仪前、后面板示意图如图 4-75、4-76 所示，仪器整体结构如图 4-77 所示。

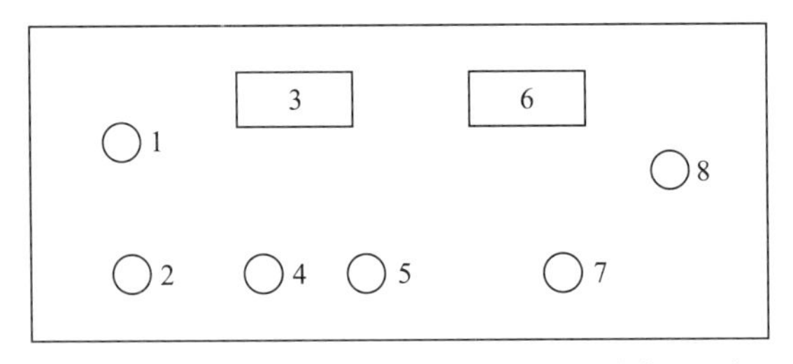

1—电压选择开关；2—电源开关；3—电压显示窗；4—电压调节粗调；5—电压调节微调；6—电流显示窗；7—电流调零；8—电流量程选择开关。

图 4-75　普朗克常数测试仪前面板示意图

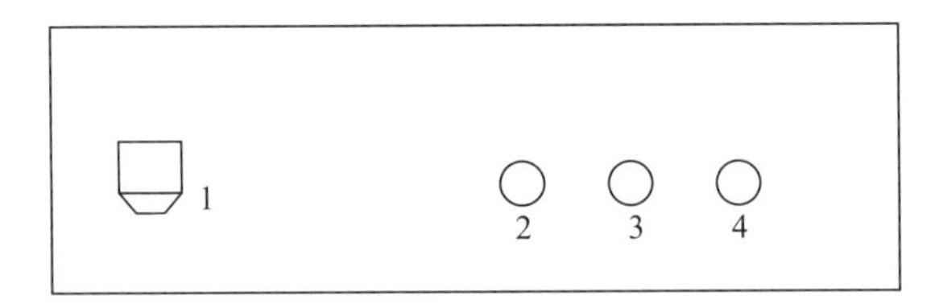

1—电源插座；2—电压输出“+”；3—电压输出“-”；4—微电流输入端。

图 4-76　普朗克常数测试仪后面板示意图

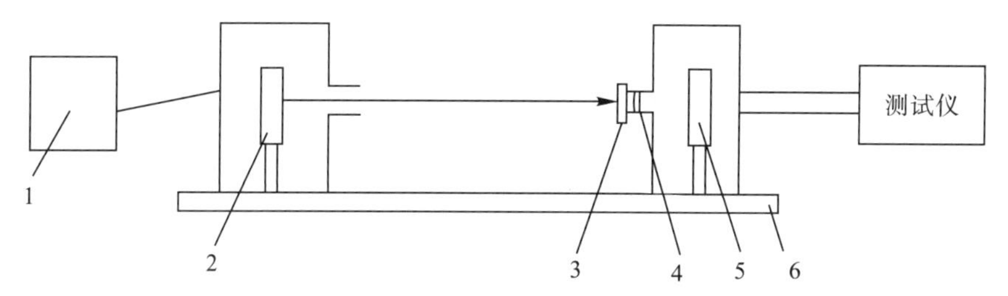

1—汞灯电源；2—汞灯；3—滤光片；4—光阑；5—光电管；6—基准平台。

图 4－77　仪器整体结构图

2. 实验内容

1)测试前准备

将测试仪及汞灯电源接通，预热 20 min。把汞灯及光电管暗箱遮光盖盖上，将汞灯暗箱光输出口对准光电管暗箱光输入口，调整光电管与汞灯距离约为 40 cm 并保持不变。用专用连接线将光电管暗箱电压输入端与测试仪电压输出端(后面板上)连接起来(红-红，蓝-蓝)。将“电流量程”选择开关置于所选挡位，仪器在充分预热后，进行测试前调零，旋转“调零”旋钮使电流指示为 000.0。用高频匹配电缆将光电管暗箱电流输出端 K 与测试仪微电流输入端(后面板上)连接起来。

2)测光电管的伏安特性曲线

将电压选择按键置于－2～＋30 V 挡，根据光电流的大小，将“电流量程”选择开关置于 10^{-10} A 或 10^{-11} A 挡，将直径 2 mm 的光阑及 435.8 nm 的滤色片装在光电管暗箱光输入口上。

(1)从低到高调节电压，记录电流从零到非零点所对应的电压值作为第一组数据，以后电压每变化一定值记录一组数据到表 4－33 中。

注意：由于光电流会随光源、环境光以及时间的变化而变化，测量光电流时，选定 U_{JK} 后，应取光电流读数的平均值。

(2)当 U_{JK} 为 30 V 时，根据光电流的大小，将“电流量程”选择开关置于 10^{-10} A 或 10^{-9} A 挡，记录光阑分别为 2 mm、4 mm、8 mm 时对应的电流值于表 4－33 中。换上直径为 4 mm 的光阑及 546.1 nm 的滤色片，重复(1)、(2)测量步骤。

用表 4－28 数据在坐标纸上作对应于以上两种波长及光强的伏安特性曲线。由于照到光电管上的光强与光阑面积成正比，因此用表 4－34 数据验证光电管的饱和光电流与入射光强成正比。

表 4－33　$I-U_{JK}$ 关系

滤色片 435.8 nm、光阑 2 nm	U_{JK}/V									
	$I/(\times 10^{-11}$ A)									
滤色片 546.1 nm、光阑 4 nm	U_{JK}/V									
	$I/(\times 10^{-11}$ A)									

表 4-34 I_M-P 关系 $U_{JK}=30$ V

滤色片 435.8 nm	光阑孔 Φ									
	$I/(\times 10^{-10}$ A)									
滤色片 546.1 nm	光阑孔 Φ									
	$I/(\times 10^{-10}$ A)									

3)测普朗克常数 h

理论上，测出各频率的光照射下阴极电流为零时对应的 U_{JK}，其绝对值即该频率的截止电压。然而实际上由于光电管的阳极反向电流、暗电流、本底电流及极间接触电位差的影响，实测电流并非阴极电流，实测电流为零时对应的 U_{JK} 也并非截止电压。

光电管制作过程中阳极往往被污染，沾上少许阴极材料，入射光照射阳极或入射光从阴极反射到阳极之后都会造成阳极光电子发射。U_{JK} 为负值时，阳极发射的电子向阴极迁移构成了阳极反向电流。

暗电流和本底电流是热激发产生的光电流与杂散光照射光电管产生的光电流，可以在光电管制作或测量过程中采取适当措施以减少或消除它们的影响。

极间接触电位差与入射光频率无关，只影响 U_0 的准确性，不影响 $U_0-\nu$ 直线斜率，对测定 h 无影响。

此外，由于截止电压是光电流为零时对应的电压，若电流放大器灵敏度不够，或稳定性不好，都会给测量带来较大误差。本实验仪器的电流放大器灵敏度高、稳定性好。

本实验仪器采用了新型结构的光电管，由于其特殊结构使光不能直接照射到阳极，由阴极反射照到阳极的光也很少，加上采用新型的阴、阳极材料及制造工艺，使得阳极反向电流大大降低，暗电流也很少。

由于本仪器的特点，在测量各谱线的截止电压 U_0 时，可不用难于操作的“拐点法”，而用“零电流法”或“补偿法”。

零电流法是直接将各谱线照射下测得的电流为零时对应的电压 U_{JK} 的绝对值作为截止电压 U_0。此法的前提是阳极反向电流、暗电流和本底电流都很小，用零电流法测得的截止电压与真实值相差很小，且各谱线的截止电压都相差 U，对 $U_0-\nu$ 曲线的斜率无大的影响，因此对 h 的测量不会产生大的影响。

补偿法是调节电压 U_{JK} 使电流为 0 后，保持 U_{JK} 不变，遮挡汞灯光源，此时测得的电流 I_1 为电压接近截止电压时的暗电流和本底电流。重新让汞灯照射光电管，调节电压 U_{JK} 使电流值至 I_1，将此时对应的电压 U_{JK} 的绝对值作为截止电压 U_0。此法可补偿暗电流和本底电流对测量结果的影响。

测量：将选择按键置于 $-2\sim+2$ V 挡，将“电流量程”选择开关置于 10^{-12} A 挡，将测试仪电流输入电缆断开，调零后重新接上，将直径 4 mm 的光阑及 365.0 nm 的滤色片装在光电管暗箱光输入口上。

从低到高调节电压，用“零电流法”或“补偿法”测量该波长对应的 U_0，并将数据记于表 4-35中。依次换上波长为 404.7 nm、435.8 nm、546.1 nm、577.0 nm 的滤色片，重复以上步骤。

表 4-35　$U_0-\nu$ 关系　　　　光阑孔 $\Phi=4$ mm

波长 λ/nm	365.0	404.7	435.8	546.1	577.0
频率 ν/($\times10^{14}$ Hz)	8.216	7.410	6.882	5.492	5.196
截止电压 U_0/V					

五、数据处理

可用以下三种方法之一处理表 4-35 的实验数据，得出 $U_0-\nu$ 直线的斜率 k。

(1)根据线性回归理论，求 U_0-v 直线的斜率 k 的最佳拟合值。

(2)根据 $k=\dfrac{\Delta U_0}{\Delta\nu}=\dfrac{U_{0i}-U_{0j}}{\nu_i-\nu_j}$，可用逐差法从表 4-35 的后四组数据中求出两个 k，将其平均值作为所求 k 的数值。

(3)可用表 4-35 数据在坐标纸上作 $U_0-\nu$ 直线，由图求出直线斜率 k。求出直线斜率 k 后，可用 $h=ek$ 求出普朗克常数，并与 h 的公认值 h_0 比较求出相对误差 $\delta=\dfrac{h-h_0}{h_0}$，式中，$e=1.602\times10^{-19}$ C，$h_0=6.626\times10^{-34}$ J·s。

六、注意事项

(1)汞灯关闭后，不要立即开启电源，必须待灯丝冷却后，再开启，否则会影响汞灯寿命。

(2)光电管应保持清洁，避免用手摸，而且应放置在遮光罩内，不用时禁止用光照射。

(3)滤光片要保持清洁，禁止用手摸光学面。

(4)在光电管不使用时，要断掉施加在光电管阳极与阴极间的电压，保护光电管，防止意外的光线照射。

实验 21　密立根油滴实验——电子电荷的测量

密立根油滴实验在近代物理学的发展史上是一个十分重要的实验。它证明了任何带电体所带的电荷都是某一最小电荷——基本电荷的整数倍，明确了电荷的不连续性，并精确地测定了基本电荷的数值，从而为通过实验测定其他的一些基本物理量提供了可能性。

一、实验目的

(1)观察密立根油滴实验现象。

(2)通过对带电油滴在重力场和静力场中运动的测量，验证电荷的不连续性，并测定电子的电荷值 e。

二、实验仪器

密立根油滴仪、平行极板、调平装置、照明装置、电源、显微镜、计时器、喷雾器等。

三、实验原理

用油滴法测量电子的电荷，可以用静态(平衡)测量法或动态(非平衡)测量法，也可以通过改变油滴的带电量，用静态法或动态法测量油滴带电量的改变量。具体方法如下：

静态（平衡）测量法：用喷雾器将油喷入两块相距为 d 的水平放置的平行极板之间。油在喷射撕裂成油滴时，一般都是带电的。设油滴的质量为 m，所带的电荷为 q，两极板间的电压为 V，则油滴在平行极板间将同时受到重力 mg 和静电力 qE 的作用，如图 4－78 所示。

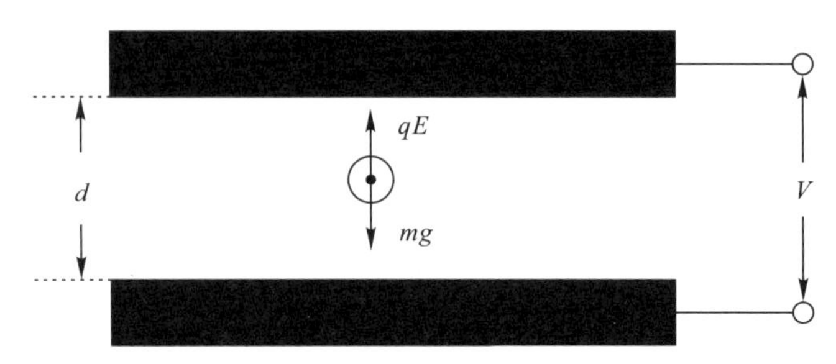

图 4－78　油滴受力图(1)

如果调节两极板间的电压 V，可使该两力达到平衡，这时

$$mg=qE=q\frac{V}{d} \tag{4-107}$$

从上式可见，为了测出油滴所带的电量 q，除了需测定平衡电压 V 和极板间距离 d 外，还需要测量油滴的质量 m。因 m 很小，需用如下特殊方法测定：平行极板不加电压时，油滴受重力作用而加速下降，由于空气阻力的作用，下降一段距离达到某一速度 v_g 后，阻力 f_r 与重力 mg 平衡，如图 4－79 所示（空气浮力忽略不计），油滴开始匀速下降。根据斯托克斯定律，油滴匀速下降时

$$f_r=6\pi a\eta v_g=mg \tag{4-108}$$

式中，η 是空气的黏滞系数；a 是油滴的半径（由于表面张力的原因，油滴总是呈小球状）。设油的密度为 ρ，油滴的质量 m 可以表示为

$$m=\frac{4}{3}\pi a^3\rho \tag{4-109}$$

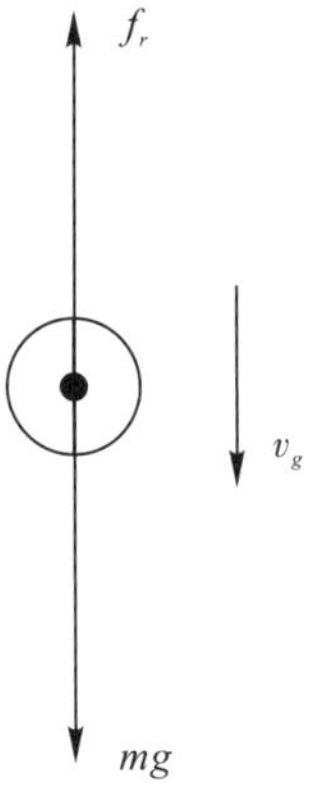

图 4－79　油滴受力图(2)

由式（4－108）和式（4－109），得到油滴的半径

$$a=\sqrt{\frac{9\eta v_g}{2\rho g}} \tag{4-110}$$

对于半径小到 10^{-6} m 的小球，空气的黏滞系数 η 应作如下修正

$$\eta'=\frac{\eta}{1+\frac{b}{pa}}$$

这时斯托克斯定律应改为

$$f_r=\frac{6\pi a\eta v_g}{1+\frac{b}{pa}}$$

式中，b 为修正常数，$b=6.17\times10^{-6}\,\mathrm{m\cdot cmHg}$；$p$ 为大气压强，单位用 cmHg，得

$$a=\sqrt{\frac{9\eta v_g}{2\rho g}\frac{1}{1+\frac{b}{pa}}} \tag{4-111}$$

上式根号中还包含油滴的半径 a，但因它处于修正项中，可以不十分精确，因此可用式(4－110)计算。将式(4－111)代入式(4－109)得

$$m=\frac{4}{3}\pi\left[\frac{9\eta v_g}{2\rho g}\frac{1}{1+\frac{b}{pa}}\right]^{\frac{3}{2}}\rho \tag{4-112}$$

油滴匀速下降的速度 v_g，可用下法测出：当两极板间的电压为零时，设油滴匀速下降的距离为 l，时间为 t_g，则

$$v_g=\frac{l}{t_g} \tag{4-113}$$

将式(4－113)代入式(4－112)，得到新的 m 的式，再代入式(4－107)，得

$$q=\frac{18\pi}{\sqrt{2\rho g}}\left[\frac{\eta l}{t_g\left(1+\frac{b}{pa}\right)}\right]^{\frac{3}{2}}\frac{d}{V} \tag{4-114}$$

上式是用平衡测量法测定油滴所带电量的理论公式。

四、实验内容

1. 调整仪器

将仪器放平稳，调节仪器底部左右两只调平螺丝，使水准泡指示水平，这时平行极板处于水平位置。预热 10 min，利用预热时间从测量显微镜中观察，如果分划板位置不正，则转动目镜头，将分划板放正，目镜头要插到底，调节接目镜，使分划板刻线清晰。

将油从油雾室旁的喷雾口喷入(喷一次即可)，微调测量显微镜的调焦手轮，这时视场中即出现大量清晰的油滴。

对 CCD 一体化的屏显密立根油滴仪，则从监视器荧光屏上观察油滴的运动。如油滴斜向运动，则可转动显微镜上的圆形 CCD，使油滴垂直方向运动。

注意：调整仪器时，如要打开有机玻璃油雾室，应先将工作电压选择开关放在“下落”位置。

2. 练习测量

(1)练习控制油滴：如果用平衡法实验，喷入油滴后在平行极板上加工作(平衡)电压约 200 V，工作电压选择开关置“平衡”挡，驱走不需要的油滴，直到剩下几颗缓慢运动的为止。注视其中的某一颗，仔细调节平衡电压，使这颗油滴静止不动，然后去掉平衡电压，让它自由下降，下降一段距离后再加上“提升”电压，使油滴上升。如此反复多次进行练习，以掌握控制油滴的方法。

(2)练习测量油滴运动的时间：任意选择几颗运动速度不同的油滴，用计时器测出它们下降一段距离所需要的时间。或者加上一定的电压，测出它们上升一段距离所需要的时间。如此反复多练几次，以掌握测量油滴运动时间的方法。

(3)练习选择油滴：要做好本实验，很重要的一点是选择合适的油滴。选的油滴体积不能太大，太大的油滴虽然比较亮，但一般带的电量比较多，下降速度也比较快，时间不容易测准确；油滴也不能选得太小，太小则布朗运动明显。通常可以选择平衡电压在 200 V 以上，在约 16 s 内匀速下降 1.6 mm 的油滴，其大小和带电量都比较合适。

(4)练习改变油滴的带电量：对具有改变油滴带电量功能的密立根油滴仪，例如 MOD－5B、5BC、5BCC 型油滴仪，按下汞灯按钮，低压汞灯亮，照亮时间 5 s，油滴的运动速度发生改

变，这时油滴的带电量已经改变了。

3. 正式测量

静态（平衡）测量法：由式（4－112）可见，用平衡测量法实验时要测量两个量，一个是平衡电压V，另一个是油滴匀速下降一段距离l所需要的时间t_g。平衡电压必须经过仔细的调节，并将油滴置于分划板上某条横线附近，以便准确判断出这颗油滴是否平衡。

测量油滴匀速下降一段距离l所需要时间t_g时，为了在按动计时器时有所准备，应先让它下降一段距离后再测量时间。选定测量的一段距离l，应该在平衡极板之间的中央部分，即视场中分划板的中央部分。若太靠近上电极板，电场不均匀，则会影响测量结果；太靠近下电极板，测量完时间t_g后，油滴容易丢失，影响测量。一般取$l=0.160$ cm 比较合适。

对同一颗油滴应进行5～10次测量，而且每次测量都要重新调整平衡电压，如果油滴逐渐变得模糊，要微调测量显微镜跟踪油滴，防止丢失。

用同样方法分别对多颗油滴进行测量，求得电子电量e。

五、数据处理

静态（平衡）测量法：

根据式（4－114）得

$$q=\frac{18\pi}{\sqrt{2\rho g}}\left[\frac{\eta l}{t_g\left(1+\frac{b}{pa}\right)}\right]^{3/2}\frac{d}{V}$$

式中，$a=\sqrt{\dfrac{9\eta l}{2\rho g t_g}}$；

油的密度$\rho=981\ \mathrm{kg\cdot m^{-3}}$；

重力加速度$g=9.80\ \mathrm{m\cdot s^{-2}}$；

空气黏滞系数$\eta=1.83\times10^{-5}\ \mathrm{kg\cdot m^{-1}\cdot s^{-1}}$；

油滴匀速下降的距离取$l=2.00\times10^{-3}$ m；

修正常数$b=6.17\times10^{-6}$ m·cmHg；

大气压强$p=76.0$ cm(Hg)；

平行极板距离$d=5.00\times10^{-3}$ m。

将以上数据代入公式得

$$q=\frac{3.23\times10^{-16}}{\left[t_g(1+0.07\sqrt{t_g})\right]^{\frac{3}{2}}}\frac{1}{V} \tag{4-115}$$

由于油的密度ρ、空气的黏滞系数η都是温度的函数，重力加速度g和大气压强p又随实验地点和条件的变化而变化，因此，上式的计算是近似的。在一般条件下，这样的计算引起的误差约1%，但它带来的好处是使运算简单，对于学生实验，这是可行的。

为了证明电荷的不连续性和所有电荷都是基本电荷e的整数倍，并得到基本电荷e的值，我们应对实验测得的各个电量q求最大公约数。这个最大公约数就是基本电荷e的值，也就是电子的电荷值。但由于学生实验技术不熟练，测量误差可能要大些，要求出q的最大公约数比较困难，通常我们用“倒过来验证”的办法进行数据处理，即用公认的电子电荷值$e=1.60\times10^{-19}$C去除实验测得的电量q，得到一个接近于某一个整数的数值，这个整数就是油滴所带的基本电荷的数目 n，再用 n 去除实验测得的电量，即得电子的电荷值 e。

六、注意事项

(1)喷雾器中注油约 5 cm，不能太多，喷时按一下橡皮球即可。

(2)使用监视器时，监视器的对比度放最大，背景亮度要很暗。

七、思考题

为什么不采用大颗粒的油滴？

实验 22　弗兰克-赫兹实验

1913 年，丹麦物理学家玻尔提出了一个氢原子模型，并指出原子存在能级，该模型在预言氢光谱的观察中获得了成功。根据玻尔的原子理论，原子光谱中的每根谱线表示原子从某一个较高能态向另一个较低能态跃迁时的辐射。1914 年，德国物理学家弗兰克和赫兹对用来测量电离电位的实验装置做了改进，他们同样采取慢电子(几个到几十个电子伏特)与单元素气体原子碰撞的办法，但着重观察碰撞后电子发生什么变化(勒纳则观察碰撞后离子流的情况)。通过实验测量，电子和原子碰撞时会交换某一定值的能量，且可以使原子从低能级激发到高能级。他们直接证明了原子发生跃变时吸收和发射的能量是分立的、不连续的，证明了原子能级存在，从而证明了玻尔理论的正确，因而获得了 1925 年诺贝尔物理学奖。

弗兰克-赫兹实验至今仍是探索原子结构的重要手段之一，实验中用的“拒斥电压”筛去小能量电子的方法已成为广泛应用的实验技术。

一、实验目的

(1)学习弗兰克-赫兹实验的物理思想及测原子激发电势的实验方法。

(2)测定氩原子的第一激发电位，证实原子能级的存在。

二、实验仪器

弗兰克-赫兹实验仪。

三、实验原理

波尔提出的原子理论指出：

(1)原子只能较长地停留在一些稳定状态(简称为定态)。原子在这些状态时，不发射或吸收能量；各定态有一定的能量，其数值是彼此分离的。原子的能量不论通过什么方式发生改变，它只能从一个定态跃迁到另一定态。

(2)原子从一个定态跃迁到另一个定态而发射或吸收辐射时，辐射频率是一定的。如果用 E_m 和 E_n 分别代表有关两定态的能量的话，辐射的频率 ν 决定于如下关系

$$h\nu = E_m - E_n \tag{4-116}$$

式中，普朗克常数 $h=6.63\times10^{-34}$ J · s。

为了使原子从低能级向高能级跃迁，可以通过具有一定能量的电子与原子相碰撞进行能

量交换的办法来实现。

在正常的情况下，原子所处的定态是低能态，称为基态，其能量为 E_1。当原子以某种形式获得能量时，它可由基态跃迁到较高的能量的定态，称为激发态。激发态能量为 E_2 的称为第一激发态，从基态跃迁到第一激发态所需的能量称为临界能量，数值上等于 E_2-E_1。

通常在两种情况下可让原子状态改变，一是当原子吸收或发射电磁辐射时，二是用其他粒子碰撞原子而交换能量时。用电子轰击原子实现能量交换最方便，因为电子的能量 eu 可通过改变加速电势 u 来控制。弗兰克-赫兹实验就是用这种方法证明原子能级的存在。

如果电子的能量 eu 很小时，电子和原子只能发生弹性碰撞，几乎不发生能量交换。设初速度为零的电子在电位差为 u_0 的加速电场作用下获得能量 eu_0。当具有这种能量的电子与稀薄气体原子发生碰撞时，电子与原子发生非弹性碰撞，实现能量交换。如以 E_1 代表氩原子的基态能量，E_2 代表氩原子的第一激发态能量，那么当氩原子吸收从电子传递来的能量恰好为

$$\mathrm{e}u_0=E_2-E_1 \tag{4-117}$$

这时，氩原子就会从基态跃迁到第一激发态，而且相应的电位差称为氩的第一激发电位。测定出这个电位差 u_0，就可以根据式(4-117)求出氩原子的基态和第一激发态之间的能量差(其他元素气体原子的第一激发电位亦可依此法求得)。弗兰克-赫兹实验的原理图如图 4-80 所示。

在充氩的弗兰克-赫兹管中，电子由热阴极出发，阴极 K 和第二栅极 G_2 之间的加速电压 V_{G_2K} 使电子加速。在板极 A 和第二栅极 G_2 之间加有反向拒斥电压 V_{G_2A}。管内空间电位分布如图 4-81 所示。当电子通过 KG_2 空间进入 G_2A 空间时，如果有较大的能量(不小于 eV_{G_2A})，就能冲过反向拒斥电场而达板极形成板流，被微电流计表检出。如果电子在 KG_2 空间与氩原子碰撞，把自己一部分能量传给氩原子而使后者激发的话，电子本身所剩余的能量就很小，以致通过第二栅极后不足以克服拒斥电场而被折回到第二栅极，这时，通过微电流计表的电流将显著减小。

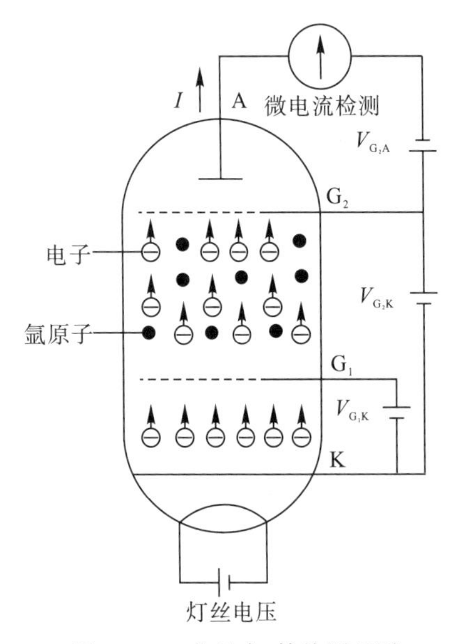

图 4-80　弗兰克-赫兹原理图

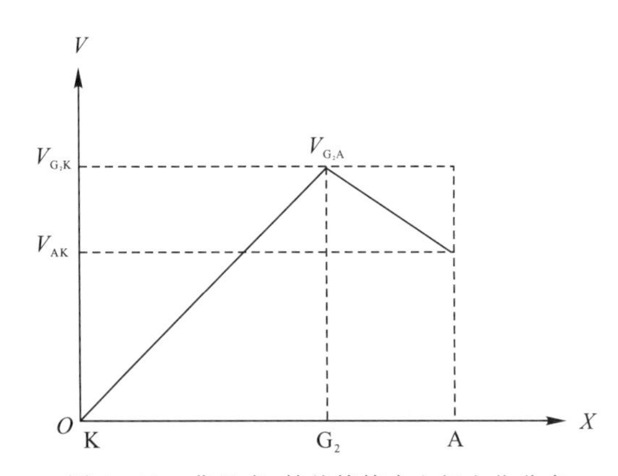

图 4-81　弗兰克-赫兹管管内空间电位分布

实验时，使 V_{G_2K} 电压逐渐增加并仔细观察电流计的电流指示，如果原子能级确实存在，而且基态和第一激发态之间存在确定的能量差的话，就能观察到如图 4－82 所示的 $I_A-V_{G_2K}$ 曲线，该曲线反映了氩原子在 KG_2 空间与电子进行能量交换的情况。当 KG_2 空间电压逐渐增加时，电子充氩的弗兰克-赫兹管 $I_A-V_{G_2K}$ 曲线在 V_{G_2K} 空间被加速而取得越来越大的能量。但起始阶段，由于电压较低，电子的能量较少，即使在运动过程中它与原子相碰撞也只有微小的能量交换（为弹性碰撞）。穿过第二栅极的电子所形成的板流 I_A 将随第二栅极电压 V_{G_2K} 的增加而增大。如图 4－82 所示的 Oa 段，当 KG_2 间的电压达到氩原子的第一激发电位 U_0 时，电子在第二栅极附近与氩原子相碰撞，将自己从加速电场中获得的全部能量交给后者，并且使后者从基态激发到第一激发态。而电子本身由于把全部能量交给了氩原子，即使穿过了第二栅极也不能克服反向拒斥电场而被折回第二栅极（被筛选掉）。所以板极电流将显著减小（图 4－82 中 ab 段）。随着第二栅极电压的增加，电子的能量也随之增加，在与氩原子相碰撞后还留下足够的能量，可以克服反向拒斥电场而达到板极 A，这时电流又开始上升（bc 段）。直到 KG_2 间电压是二倍氩原子的第一激发电位时，电子在 KG_2 间又会二次碰撞而失去能量，因而又会造成第二次板极电流的下降（cd 段）。同理，凡在 $V_{G_2K}=nU_0(n=1,2,3\cdots)$ 的地方板极电流 I_A 都会相应下跌，形成规则起伏变化的 $I_A-V_{G_2K}$ 曲线。而各次板极电流 I_A 下降相对应的阴、栅极电压差 $U_{n+1}-U_n$ 应该是氩原子的第一激发电位 U_0。

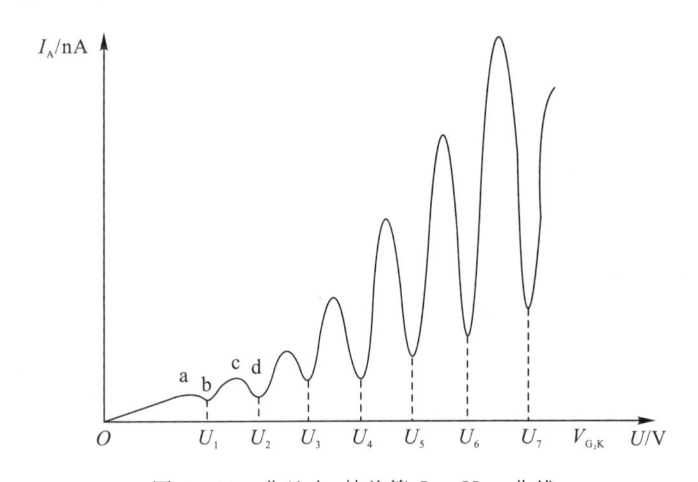

图 4－82　弗兰克-赫兹管 $I_A-V_{G_2K}$ 曲线

本实验就是要通过实际测量来证实原子能级的存在，并测出氩原子的第一激发电位（公认值为 $U_0=11.5$ V）。

原子处于激发态是不稳定的。在实验中被慢电子轰击到第一激发态的原子要跳回基态，进行这种反跃迁时，就应该有 eU_0 电子伏特的能量发射出来。反跃迁时，原子是以放出光量子的形式向外辐射能量，这种光辐射的波长式为

$$eU_0=h\nu=h\frac{c}{\lambda} \tag{4-118}$$

$$\lambda=\frac{hc}{e\nu_0}$$

对于氩原子，$\lambda=\dfrac{hc}{eU_0}=\dfrac{6.63\times10^{-34}\times3.00\times10^8}{1.6\times10^{-19}\times11.52}$。

如果弗兰克-赫兹管中充以其他元素，则可以得到它们的第一激发电位，见表4－36。

表4－36　几种元素的第一激发电位

元素	钠(Na)	钾(K)	锂(Li)	镁(Mg)	汞(Hg)	氦(He)	氩(Ar)
第一激发电位 U_0/V	2.12	1.63	1.84	3.20	4.90	21.2	11.5

四、实验步骤

(1)将DH4507型弗兰克-赫兹实验仪后面板上的四组电压输出(灯丝电压、V_{G_2K}、V_{G_1K}、V_{G_2A})按前面板上所示的原理图与电子管测试架上的插座分别对应连接。微电流 I_A 检测器已在内部连好。**注意：仔细检查，避免接错烧毁弗兰克-赫兹管。**

(2)开启电源，将工作方式打到“手动”位置(弹出位置)，所有电位器按照面板上指示方向全部调到最小位置。加电2～3 min以后可往下进行实验。

(3)将显示按键切换至“灯丝电压”，调节“灯丝电压”旋钮，使其在2.8 V到3.9 V之间的某一值(一般固定在3 V)，灯丝电压调整好后，在中途不再有变动。注意：灯丝电压不要超过4.5 V。

(4)将显示按键切换至第一栅压“V_{G_1K}”，调节第一栅压“V_{G_1K}”旋钮，使其在2 V到3 V之间的某一值(一般固定在2.1 V)。

(5)将显示按键切换至拒斥电压“V_{G_2A}”，调节拒斥电压“V_{G_2A}”旋钮，使其在5 V到9 V之间的某一值(一般固定在5.2 V)。

(6)静置5 min待上述电压都稳定后(与设定值一样)，再将按键切换至第二栅压“V_{G_2K}”，使电压表显示第二栅压值，缓慢调节第二栅压(从0 V到90 V)，以电压表能显示的最小分辨率0.1 V为步进，记下板极电流 I_A，作出 $V_{G_2K}-I_A$ 曲线。

(7)将拒斥电压增加0.5 V，重复(6)步，作出另外一条 $V_{G_2K}-I_A$ 曲线，然后比较上述两条曲线。

(8)求出各峰值所对应的电压值，用逐差法求出氩原子第一激发电位，并与公认值11.5 V相比较，求出相对误差。

五、注意事项

(1)准确连接线路，认真检查无误后方可通电。

(2)灯丝电压不能超过4.5 V，第二栅压不能超过80 V。

参考文献

[1]王红理,俞晓红,肖国宏.大学物理实验[M].西安:西安交通大学出版社,2014.
[2]张学恭.大学物理[M].西安:西安交通大学出版社,2010.
[3]吴平.大学物理实验教程[M].北京:机械工业出版社,2015.
[4]张勇,顾大伟.大学物理实验指导与报告[M].北京:科学出版社,2013.
[5]韩芍娜.大学物理实验[M].大连:大连理工大学出版社,2013.